新西安 新名片

NEW XI' AN NEW CARD

TOUR IN XI' AN WITH TEENAGERS

跟着少年游西安 |

万波◎主编

陕西新华出版传媒集团
陕 西 人 民 出 版 社

图书在版编目（CIP）数据

新西安　新名片：跟着少年游西安 / 万波主编．—
西安：陕西人民出版社，2021.8
ISBN 978-7-224-14131-3

Ⅰ．①新… Ⅱ．①万… Ⅲ．①建筑艺术 —文集—西安
Ⅳ．① TU-862

中国版本图书馆 CIP 数据核字（2021）第 163372 号

出 品 人：赵小峰
总 策 划：宋亚萍
出版统筹：陈　丽
责任编辑：王亚嘉　马　昕
　　　　　宁小倩
整体设计：赵文君
插　　画：阿　骨　桃金娘
　　　　　重庆市果冻文化传播有限公司

新西安　新名片：跟着少年游西安

主　　编　万波
出版发行　陕西新华出版传媒集团　陕西人民出版社
　　　　　（西安市北大街 147 号　邮编：710003）
印　　刷　中煤地西安地图制印有限公司
开　　本　787 毫米 ×1092 毫米　1/32
印　　张　6.5
字　　数　100 千字
版　　次　2021 年 8 月第 1 版
印　　次　2022 年 8 月第 3 次印刷
书　　号　ISBN 978-7-224-14131-3
定　　价　79.00 元

献给来到古城的你们！

《新西安 新名片》图书内容选自

“您来十四运 我做小导游”——“新西安 新名片”活动

活动指导单位：中共西安市委宣传部

第十四届全运会西安市执委会文宣组

活动主办单位：西安市教育局 阳光报社

活动承办单位：阳光报“少年家国信”新媒体平台

参 加 对 象：全市中小学（含中职学校）

沐千年雨露，映百年风华，古都西安，正光彩重生，青春归来。

绿水青山滋养了一个新西安。秦岭苍苍，父亲山巍；渭水清清，母亲河美；楼观秀丽，翠华清凉；昆池再现，八水重绕；绿道观山，城墙看画；水在城中，城在林中；曲江风景，浐灞风光……山水名片何其美！

辉煌历史灿烂了一个新西安。寻秦骊山下，观唐雁塔上；穿越汉城湖，梦回大明宫；南门迎远朋，钟楼看新城；历博睹国宝，碑林抚石痕；月上芙蓉园，人约不夜城；公园忆“二虎”，华清说“事变”……历史名片何其重！

人间烟火温暖了一个新西安。汽车让人，地铁无碍；公园剧院，雅乐秦腔；书香盈城，美食满巷；可恋传统，可玩现代；飞机高铁，天下入圈；蓝天常在，晚霞常现……生活名片何其香！

星辰大海照亮了一个新西安。中欧班列，“驼队”绵绵；科创重镇，浪涛滚滚。高新区雄厚，“秦创原”新颖；西咸经开，逐梦前行；交大工大，无问西东；新能先锋，低碳龙头；航空迎“大”，航天探“火”……科创名片何其新！

……

西安，看不尽今朝的新和鲜，品不尽千年的厚和重。

千年百年，此心安处是长安；

千年百年，故里月明在长安。

西安美食

嫽咋咧！

PREFACE

序　言

第十四届全国运动会在古城西安召开。在中共西安市委宣传部、十四运西安市执委会文宣组的指导和西安市教育局的鼎力支持下，7月8日，西安市教育局与阳光报社联合在全市中小学启动了“您来十四运 我做小导游”——“新西安 新名片”活动。

这次活动收到了稿件近5000件，每一篇稿件都体现出这座古老城市中“最新鲜的血液”——西安少年们对这座千年古都发自内心的热爱。从这一篇篇文章中，我们也看到，在奔向国家中心城市和国际化大都市的路上，西安这座城市发展得太快了，西安太美了——西安美，美在她的历史沉淀，美在她的自然山水，美在她的科技前沿，美在她的现代城市风情，美在她的红色资源，美在她的特色美食，美在她的文化底蕴……而这些展现西安美的文字最终汇成了这本书《新西安 新名片：跟着少年游西安》。

这本书从内容上分了六个篇章，讲了三个时间尺度：

第一个时间尺度，是百万年来的西安。早在百万年前，蓝田古人类就在这里建造了聚落；7000年前仰韶文化时期，这里已经出现了城垣的雏形；历史上先后有十多个王朝在西安建都……“蓝田猿人遗址”“西安半坡博物馆”“秦始皇陵兵马俑”等历史名片记录了这些厚重的遗存。

第二个时间尺度，是 100 多年来的西安。近百年来，西安发生了翻天覆地的变化，“西安事变纪念馆”“八路军西安办事处旧址”“西安浐灞国家湿地公园”“西安国家级民用航天产业基地”“西安高新技术产业开发区”等名片记录着这些巨变。

第三个时间尺度，是未来的西安。每一个名片的作者，是未来可期的少年们，他们脑海中的一切、心底的一切汇成他们笔下的文字，虽然稚嫩，但字里行间别有一种清新。阅读他们的文字，我们看到了未来的西安。

这样的西安，他们正在经历，我们也在经历。

三个时间尺度——历史、现在、未来蕴藏在书中近百张名片中。这些名片，我们每一个人，都有不同的理解。

这本书里，除了孩子们清新的文字外，我们还准备了百幅精美的照片和手绘插图，将带给读者极致的视觉体验。

我们将这本书，献给爱这座城市“土著”的我们和不远万里将会爱上这里的你们……

陕西新华出版传媒集团　总编辑

目录

千年在此·长安 001

诗画山河·西安 057

QIANNIAN ZAICI
CHANG' AN

千年在此
长安

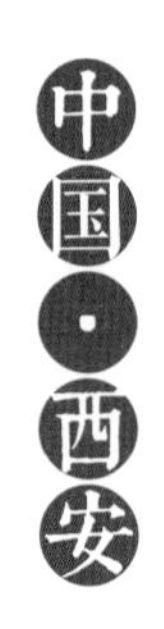

长安 归来仍是少年

暮鼓晨钟叫醒了一个日久岁深的西安。远处，仿佛太白载酒马过长街，贾岛苦吟驴系桥头，知章眼花井底酣眠，孟郊得意迎风策马，眼前尽是盛世繁华，耳畔但闻丝竹之声。那声声霓裳，那喃喃佛经，穿越千年，清晰如昨。

古意长安，半城风雅，一城文化。

市井喧嚣叫醒了一个淳朴平凡的西安。一碗碗胡辣汤、羊肉泡馍早已先于人们醒来，一张张幸福的面庞在热气中若隐若现，一句句纯正的陕西话令人倍感亲切。稚子孩童奔跑嬉戏，爽朗的笑声宛若银铃；古稀老人吼起秦腔，情至酣处，

似烈酒入喉，旋即摔碗般碎石裂帛。日日有小暖，至味在人间。

烟火长安，半城惬意，一城鲜活。

车水马龙叫醒了一个步履如风的西安。精工巧做满目琳琅，新能翘楚独领风骚，高楼大厦鳞次栉比，八方来客游兴正酣。白日街道肩摩，行人车河如川。夜晚灯明如昼，大唐气象尽显。玉树琼花作烟萝，绚烂霓虹灯闪烁。

时代长安，半城网红，一城交融。

旭日东升叫醒了一个庄严神圣的西安。从“二虎守长安”的悲壮之举，到陕甘边游击队的艰苦卓绝，从西安事变的呼啸枪声，到八路军办事处的如烟往事，西安从战争年代的烽烟中走来。

红色长安，半城记忆，一城难忘。

昨日，古都长安已见证了盛世大唐的灿烂辉煌；今朝，大美西安正书写着同心同行的美丽画卷；明天，全新西安必将奏响追赶超越的时代华章！

西安高新第一中学初中校区 / 张清楠　指导老师 / 党江涛

永宁门（南门）

西安钟楼

长安若永不褪色
钟楼便是最美一笔

西安钟楼，千年古都之“心”。

钟楼始建于1384年，楼内彩绘贴金，画栋雕梁，檐上覆盖有深绿色的琉璃瓦，衬着鎏金宝顶，雍容大气，尽显岁月磨成的古都风采。

“当——当—— ”深沉浑厚的声音响起，这是景云钟，重约6吨，高2米多，一只名曰“蒲牢”的神兽蹲于其上，似在助这钟声远扬。这是钟楼的灵魂，历尽沧桑，却依旧沉稳端庄。

站立于钟楼之下，看那琉璃珠光穿过历史的

迷雾。将呼吸放缓，把目光放柔，且听且行，仿佛能遇见历史中那些遥远却又触手可及的风华。

若说长安是一幅永不褪色的画，那么钟楼就是这画中最美的一笔。白天，这里车水马龙，俯瞰楼下，人来人往，皆是行色匆匆，你会突然感慨，世界之大，何处不可容身？

华灯初上，流光倾泻，人声鼎沸，火树银花照亮了人们的面庞。人群中总有穿汉服的小姐姐，衣带飘飘，宛若神妃仙子穿越时光而来，莅临人间，一颦一笑间，整个夜空为之黯淡。

钟楼似西安人的气度，自信而不张扬，低调而不沉郁，刚柔并济。如今，曾经的朝鸣夜响已成绝唱，那份温润与平和却早已沉淀进西安人的骨血。

诸位客官，期待与您邂逅在水墨丹青的西安，共看那迷人的古都风采。

西安高新区第十一初级中学 / 樊子衿　指导老师 / 宋红涛
摄影 / 雷补团
插画 / 阿　骨

伫立千年
灯火中的它从未老去

作为珍贵的历史建筑，大雁塔是西安最沧桑的名片之一。

厚实的塔身，华丽的塔顶，层楼叠榭碧瓦朱甍。沧桑的历史感与优雅的建筑美，巧妙地融合在大雁塔之中，使其拥有一种高雅古朴的气质美。

除却建筑之美，大雁塔所代表的文化底蕴更是西安这座古城的真正底色。遥想孟郊当年“春风得意马蹄疾，一日看尽长安花”，醉吟先生的“慈恩塔下题名处，十七人中最少年”，作为唐代举子进士及第后饮酒

题名的风雅活动的场所，其内更珍藏了玄奘亲手立下的碑石、珍贵的线刻画、神秘的贝叶经，而“镇塔之宝”铜质鎏金释迦牟尼像更是名震天下的绝世国宝。

大雁塔，不仅仅是一座历史悠长的古塔，更是一座珍贵、富含文化底气的宝库。

也许，伫立在繁华大城市中的大雁塔，开始显得有些突兀；也许，夜晚周围斑斓的灯光与动感的音乐会让它显得有那么一丝年迈。但是，它就伫立在那里，见证了这长安的兴衰，积下了千年的沉淀与风尘，埋藏着无数神秘的奇珍异宝。

黄昏时分，我们从远处眺望，抑或在近处仰望，这被层层高楼围绕和现代广场包裹的塔，在车水马龙与满城华灯中，展现出这座城市真正的底蕴与气质。

西安市曲江第一中学／苏贺泽炀　指导老师／王　莉
摄影／雷补团

小雁塔
屹立不倒藏着什么秘密

大、小雁塔，如同盛唐双璧，千年相映古城。

去看小雁塔，要到西安博物院。博物院位于西安市南门外友谊西路，里面收藏了周、秦、汉、唐等各个历史时期的文物十数万件。其中的镇馆之宝很特别，那就是三彩胡人腾空马，它以生动、逼真的造型，美丽的釉色，大放异彩，是唐三彩中难得的精品。

小雁塔外观酷似小一号的大雁塔，为了区分它们，分别叫大、小雁塔。它们同为唐长安城保留至今的重要标志性建筑。小雁塔和荐福寺钟楼内的古钟，合称为“雁塔晨钟”，是“关中八景”之一，是西安博物院的组成部分。

从建筑风格来看，小雁塔属于中国早期方形密檐式砖塔的典型作品。它是佛教传入中原地区后融入汉族文化的标志性建筑。

小雁塔最为传奇之处是，根据历史记载，它的塔身在地震中曾三次出现裂痕，又都在下一次地震后神奇地“合”好如初。研究表明，这一现象与小雁塔的特殊结构有关。

小雁塔能够在地震中“存活”下来，跟它扎实的地基和塔身的形态密不可分。你要不要一探究竟，小雁塔为什么能被地震“修好”呢？

西安市浐灞第三小学／杨宇帆　指导老师／张　冉
摄影／郭　华

"一日看尽长安花"
就在这座博物馆

有没有一个地方，可以"一日看尽长安花"？陕西历史博物馆就是最接近这个梦想的地方。

陕西是中华民族和华夏文明的重要发祥地之一，中国古代历史上包括周、秦、汉、唐等盛世在内的十三个王朝都曾在西安一带建都，留下了灿烂的文物遗存。

陕西历史博物馆汇聚了十三朝文明的精华，被喻为"古都明珠，华夏宝库"。

陕西历史博物馆从一开始就非同凡响，它是中国第一座大型现代化国家级博物馆，也是中国博物馆事业新的发展里程碑。它独特的唐风建

筑，不仅融入了民族传统、地方特色，还将时代精神融为一体。“中央殿堂，四隅崇楼”更能体现中国人的含蓄之美。

它的藏品有多少呢？170多万件（组）！其中包括18件（组）国宝级文物。以“雅”著称的商周青铜器，以“趣”闻名的历代陶俑，还有颇具盛世气象的汉唐金银器、唐墓壁画等，年年吸引着大批游客前来一睹真容。

文物是一段文明留下的永不凋零的花朵，博物馆里每一件国宝都蕴含着深刻的历史意义，都透露出那个时代的繁荣与兴盛，都为中华文明做出了不朽的贡献。

来西安，一定要打卡这座华夏宝库。

西安市第四十四中学 / 张　彦　指导老师 / 朱　萌
摄影 / 梁　萌

“皇帝的手办”
——神秘陶塑超级军团

有人说它是蓄势待发的神秘陶塑超级军团，有人说它是历史上第一个手办大佬秦始皇的战斗小组……“世界第八大奇迹”秦始皇陵兵马俑到底是什么样的呢？

大家都知道被誉为“千古一帝”的秦始皇嬴政，继秦王之位后“奋六世之余烈”，先后灭掉其他诸侯国，完成统一大业，建立起一个中央集权的统一的多民族国家——秦朝。秦始皇驾崩之后葬于西安市临潼区，秦始皇陵兵马俑坑就是其陪葬坑，位于陵园东侧 1500 米处。

如果仔细观察，你会发现这些“皇帝的手办”工艺极其精巧，他们身穿做工精细的铠甲，发丝根根分明，就连神态也各不相同！站在高处观看整个兵马俑阵，只见一支威武雄壮的秦军兵阵从多个俑坑迎面而来。他们身披铠甲，队列

整齐。身材高大的灰色俑个个军容严整，神态肃穆，在众多战车和各种冷兵器的衬托下散发出令人胆寒的杀气。

四号馆里陈列了许多兵马俑的单个展品，能够更近地观察这支神秘的军队。每一个兵马俑都如同真人一般，他们的姿态各异：有的双眼直视前方，怒视着试图侵犯的敌人；有的微微低头，好像在给将军出谋划策；有的手持长矛，随时准备冲锋陷阵……

凝视着这支穿越了两千年的古代军阵，脑海中浮现出杜甫在《兵车行》中所写的“车辚辚，马萧萧，行人弓箭各在腰”的画面。此时就连游客的嘈杂声仿佛也变成了古战场中的嘶鸣和呐喊。这就是那支以一敌六，最终踏平了六国的劲旅吗？这就是那支用铁和血在中国古代历史上留下了赫赫声名的雄师吗？我简直不敢相信自己的眼睛！

如果你来到了西安，但是你没有来看兵马俑……迟早有一天你会问自己，我真的去过西安吗？

西安经开第一小学 / 代裕心　指导老师 / 杨文秀
摄影 / 梁　萌

骊山回望
永不落幕的浪漫悲歌

“骊山回望绣成堆，山顶千门次第开……”

华清宫，上演着一出永不落幕的爱情悲剧。

骊山景色秀美，传说在三千年前的西周，这里便是天子游玩之地。后唐玄宗在此大力修建温泉宫殿，命名为“华清宫”。

若要说唐文化的标志，华清宫绝对有一席之地。沿着长廊缓缓漫步，池中楼影空明，在美轮美奂的宫殿间，处处可以寻得当年李隆基与杨玉环那段罗曼史的痕迹。

宫中有这么一座宫殿，瓦片上的琉璃釉面兽形态生动，殿门纹饰繁复对称，牌匾上镂花精妙，散发出沉积千年的华贵古韵。这就是传说中的帝妃寝殿。冬日大殿周围温泉水的热气蒸腾而上，化雪为霜，故名“飞霜殿”。殿前是九龙湖，请看，八个小龙头与一个威严更盛的龙头，象征着殿内之人的九五之尊。

如果一定要说华清宫最浪漫的地方，那一定非长生殿莫属。长生殿外有片莲花池，芙蓉笑脸面对古朴的棕色殿门，门上雕刻纹饰简单而庄严。砖瓦的最高处，两只鸱尾遥遥相望。这里原本是皇帝斋戒沐浴的地方，但曾有一个夜晚，唐玄宗与杨贵妃跪地盟誓，愿生生世世结为夫妻。人们吟诵:“七月七日长生殿，夜半无人私语时。在天愿作比翼鸟，在地愿为连理枝。”

在这块宝地上，周秦汉隋唐等历代的帝王都曾建有离宫别苑。从风云变幻到战火纷飞，这里见证了爱情，也记录了历史。有幸到华清宫寻古、怀古，自然也是一次无比珍贵的中华文化之旅。

西安高新第一中学初中校区东区初级中学 / 林芷彤　指导老师 / 熊英孜

西安碑林博物馆

见我在石林
刻下你的痕迹

碑石有灵，翰墨隽永。你好！这里是书法圣地西安碑林博物馆，我已等候你很久。

西安碑林博物馆坐落在三学街 15 号，始建于北宋哲宗元祐二年（1087），距今已有 900 余年的历史，是我国古代书法艺术的宝库，现收藏着汉代至近代的石碑、墓志近 3000 种，展出千余种。因碑石林立，故名碑林。

跨入朱红大门，迈进石碑展室，在那里，你便会与我相识。“斯人忠义出于天性，故其字画

刚劲独立，不袭前迹，挺然奇伟，有似其为人。”欧阳修曾这样评价颜真卿的字。静静立在颜真卿为其父所作《颜家庙碑》前，看入笔坚实、行文刚劲的颜体，品一撇一捺的韵味，伸出指尖在空中描摹，你是否感受到我的存在？

“噔噔噔，噔噔噔”，你听，马踏山河碎的声响从远古传来，历史轰隆在眼前：那年，烽烟四起，我随唐太宗征战四方，所向披靡。圆润的刀法，精细的刻工，栩栩如生。为纪念随唐太宗征战疆场的战马，匠人刻下了我——“昭陵六骏”。

一声凤鸣刺破云霄，霞光满天，祥云缭绕。许是唐朝皇帝做了个梦，醒来下令铸一铜钟。1300多年前，景龙观钟楼之上，景龙观钟，金石之声古朴绵长。

自它存于这个世界起，便静默着，静默着……存在千年，只为与你相遇。

“初见是惊鸿一瞥，重逢是别来无恙。”长安常在，欢迎大家再来，听我讲述石头上的千秋传奇。

西安市第八十六中学／陈　菲　指导老师／丁　欣
插画／阿　骨

碑林街巷 人间烟火飘墨香

说起碑林，大家首先想到的可能是“名碑名经甲天下”的碑林博物馆。其实，碑林周边也大有逛头。

古朴典雅的博物馆之外，是别具风情的街巷。穿过咸宁学巷，你会看到围绕碑林深厚底蕴发展起来的书画店铺，文房四宝、名画名书样样俱全。面向城墙的方向，一眼望见“孔庙”二字，不远处还会碰见网红手艺人“扇子哥”。“扇子哥”旁边的书院门是练习书法的宝地，笔墨纸砚、书法教材应有尽有；春节期间，街巷更是会出现书画家及爱好者挥毫作画、写春联的热闹场面，满满都是过年的气氛。

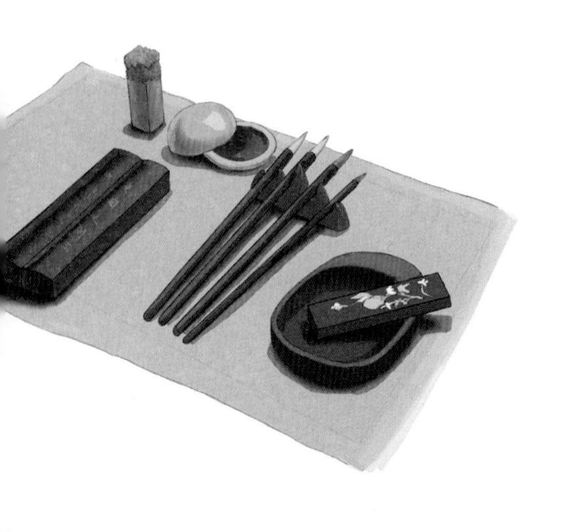

徜徉街巷，商家的叫卖声、顾客的讨价还价声、文人墨客“长安不见使人愁”的吟诵声、孩子们的嬉闹声、毛笔写字的沙沙声……种种声音，交织成温馨的曲调，绘成一幅惬意的西安人生活画卷。

丰碑如林，青石不朽。矗立千年的一块块冰冷石头，镌刻着家园沧桑的变化历程，见证着文人墨客的豪情壮志，传承着我们的家国记忆……而它的旁边，是生生不息的市井生活。这样的人间烟火气，是碑林博物馆附赠的绝佳伴手礼。

西安市第八中学 / 查懿宸　指导老师 / 薛小群
摄影 / 梁　萌

我们的祖先
原来你在这个村里

西安浐河东岸、半坡村北，两根朴实的大木桩搭成一个大门，走进去，你就来到了赫赫有名的半坡遗址。

您知道半坡人生活在多少年前吗？距今6000年左右。当时已迈入新石器时代的成熟期，社会形态则处于中国原始社会母系氏族繁荣时期，这里就是他们生活过的地方。

瞧，由于年代久远，半坡人的房屋已经“面目模糊”了，但建造时留下的柱洞、门槛、半地穴式的结构都还清晰可见——门前是窄窄的门道，门槛很高，门槛旁边是灶坑。这些灶可不是用来做饭的，它们都是用来照明和取暖的。

看，这里有条沟，这也不是排水用的，而是防御野兽的深沟。半坡人，已经开始大量使用陶器了，博物馆内的许多坑洞都是烧制陶器的残窑。而陶瓮是专用于埋葬夭折孩子的瓮棺，上边还有个小孔，可能是供孩子灵魂出入吧。遗址出土的骨针，可算得上中国最早的缝衣针，专用于制作衣裳。虽然制作出的衣裳粗糙，但已能起到遮羞蔽体的作用。而陶器上刻画的符号，则是半坡人为了记录发明的，它们像是文字演变的雏形。

半坡人，迈出了人类文明最初的脚步，到半坡遗址来看看古人的智慧，算是对这些祖先最好的致敬了吧。

陕西省西安小学 / 杨沐尘　指导老师 / 魏　峰
摄影 / 梁　萌

人类文明的起源地

都说千年长安，其实远在千年之前这里就出现了文明之光。

让我们一起走进历史悠久、闻名遐迩的蓝田猿人遗址。

在西安市蓝田县的公王岭和陈家窝村两地，有一个让地质学家、古生物学家、考古学家和人类学家大展身手的地方，这就是我们此行的目的地——蓝田猿人遗址。蓝田猿人生活在百万

年前，大约是旧石器时代早期，和“北京人”“山顶洞人”“元谋人”“河套人”，都属于早期直立人，他们开启了动物演变成人的新篇章。

蓝田猿人遗址的展览厅依山就势，坐落于高台之上，呈“凹”字形的布局，红墙灰瓦，古朴典雅。这里不只有原始人，还有许多珍稀动物。比如，大熊猫、南方剑齿象、毛冠鹿和中国貘等史前动物。

自古蓝田出美玉。可能是因为玉的灵气，蓝田的山山水水、人文地理无不渗透着人类赖以生存和繁衍生息的博大、坚忍的雄浑之气。欢迎您来蓝田，一睹旧石器时代文明的风采。

西安市浐灞第三小学 / 闫伊可　指导老师 / 杨向旭
摄影 / 赵　晨

千年古都欢迎您！今天，我来带领大家走进古城西安的西北角，游览一处静谧又神圣的地方——汉长安城遗址。

这里是西汉王朝的国都，是汉文化的根基。汉长安城遗址非常大，大家通过眼前的残垣古迹，可以感受到汉长安城当年的宏伟辉煌——8条大街，160个巷子，9个市区，可谓“八街九陌”，好不繁华！

汉长安城里最著名的三大宫殿就是长乐宫、

未央宫和建章宫。而且和西安的明城墙不同的是，汉长安城的城墙是用土建成的，叫“版筑夯土墙”。别看是土做的，但是特别坚硬，经历了千年风雨，依旧能遗存下来。

走在汉长安城遗址里，大家可以闭眼想象：位于城西北的横门缓缓打开，以横门大街相隔的东市和西市刚刚开张，来自全国各地乃至世界各地的商人络绎不绝地进入，开始一天的买卖。热闹的集市上，摆放着世界各地的新奇玩意儿，叫卖声此起彼伏，人们穿着最爱的汉服，戴着喜欢的发簪，走上大街去“淘宝”……千年并不遥远，古人就在身边！

西安经开第一学校 / 郭栩彤　指导老师 / 冯俊超
摄影 / 雷补团

大唐芙蓉园

长安盛况
惟集芙蓉一园

长安盛况，在朝暮四时，在秦俑明宫，而盛唐之雄伟浩大气象，惟集于芙蓉一园。

芙蓉园始建于秦初，唐末尽毁，只剩残山剩水，尽诉平生伤心事。

从大雁塔东南行千余米，闻笙歌隐隐，见红墙逶迤。人流如潮，天南海北，齐聚芙蓉园，共赏盛唐貌。

园中场景共十个，主题各异。宫殿连绵，楼亭起伏。紫云楼最为雄浑，芙蓉湖最为明净，彩霞亭最为精美，唐市最为热闹。

御苑门，园之正门者也。朝则白鸽翱翔于九天，晴空丽日，心生喜乐；暮则神龙盘绕于华表，灯火辉煌，灿若繁星。

紫云楼乃全园之主楼，层四也，气贯长虹。于此楼，彩云与朝晖齐飞，晚霞同残阳共坠。登斯楼也，则九里之景一览无余，千秋霸业荡气回肠。有诗云："形神升腾紫云景，天下臣服帝王心。"

芙蓉湖连通曲江池，园内宫亭傍湖而建。水波不兴，清澈如晶。至若夏日，蜩蝉初鸣，半夏始生，湖内芙蓉，曳曳生姿。

信步蜿蜒彩霞亭，阅历盛唐巾帼貌。图腾蛟龙，涅槃凤凰。时接壤于湖畔，杨柳依依；时宁立于湖中，轻起涟漪。

"市井平常事，最是热闹处。"园区南边，乃唐市。以古长安商贸为缩影，以映"商贾云集，内外通融"之繁荣气象。这里人头攒动，举袂成云，热闹非凡。

芙蓉园之大观，非止于此。一呼一吸之间，一动一静之处，亭台楼阁，轩榭游鱼，华馆闹市，处处皆为盛唐观。

芙蓉如面柳如眉，对此如何舍得归？

西安高新第一中学初中校区／苏柯文　指导老师／徐思雨
摄影／秦　岭
插画／阿　骨

锦绣斑斓
这里的夜色最长安

“人潮推挤不容停，一路华灯不夜城。雕马琼楼观不足，大唐追梦到天明。”

西安人都知道，这首诗说的是大唐不夜城。这里有比白天还明亮的夜。

在大唐不夜城，有扮演唐朝仕女的“不倒翁小姐姐”，有靠音量喷涌的“喊泉”，有“胡姬”与“唐妞”斗花车，还有那数不尽的美食小吃，都彰显着西安的独特魅力。

灯火璀璨处，大唐不夜城。

大唐不夜城位于大雁塔脚下，北起大雁塔南广场，南至唐城墙遗址，东起慈恩东路，西至慈恩西路。它以盛世文化为背景，以唐风元素为主线，建有大雁塔北广场、玄奘广场、贞观文化广场、创领新时代广场四大广场，还有西安音乐厅、陕西大剧院、西安美术馆、曲江太平洋电影城等四大文化场馆。各种各样新奇的体验项目，让你很难感到视觉疲劳。

在大唐不夜城里，最令人惊艳的是这里的灯光工程。华灯初上，不夜城就开始释放它的美丽，火树银花，璀璨夺目。道路两旁的大树上，挂满了形态各异的花灯，有的像闪闪发光的星星，还有的像挂在天空的圆月……真是美不胜收，仿佛人间仙境。

乘着夜色，来这里一趟吧！锦绣长安在不夜城等着你。

西安市雁塔区大雁塔小学西沣分校／王子菲　指导老师／全　欣
摄影／赵　晨

摄影 / 赵　晨

曲江池
风雅流不尽的长诗

曲江池，在唐代是享誉长安的游玩胜地，文人雅客常来此处吟诗作赋，在唐诗中频频留下丽影。

曲江池位于西安东南，南靠终南山，北对乐游原，也是中国历史上久负盛名的皇家园林。隋朝深挖曲江成为大池，有了“曲江池”之称。

现在的曲江池遗址公园，其实是在其原址上

重修的，由我国著名的建筑大师张锦秋设计。曲江池遗址公园恢复性再造了曲江南湖、曲江流饮、汉武泉、凤凰池等历史文化景观，使得曲江再现了“青林重复，绿水弥漫”的山水人文格局。

走进公园，池中水波荡漾，游鱼欢快往还，岸边绿柳轻扬。“曲江水满花千树，有底忙时不肯来？”大概就是描述这样的风景吧！如果有暇，可以登上阅江楼，远眺曲江池，把酒临风，浅斟低吟，切身体会大唐名士诗酒人生的雅趣。

我在美丽的曲江池畔等着你来。

西安市曲江第三小学／欧阳羽涵　指导老师／周　莹
摄影／王旭东

大明宫丹凤门

遗址上的公园
让“千宫之宫”飞入寻常百姓家

“九天阊阖开宫殿，万国衣冠拜冕旒”，这首诗说的是“千宫之宫”的唐朝大明宫。如今，这里成了国家遗址公园，一个寻常百姓可以随时走过的地方。

大明宫遗址地处长安城北部的龙首原上，是国务院公布的首批全国重点文物保护单位，是国际古遗址理事会确定的具有世界意义的重大遗址保护工程，还是未来西安的“城市中央公园”。

桂冠和光荣都来自这里，代表的是大唐的风华绝代和无上辉煌。

我们就从含元殿说起吧——这里是皇帝举行大朝贺的宫殿，也是唐长安城的形象标志。殿前有水渠，渠上有五座桥梁。从殿前至丹凤门间有广场和专供皇帝出入宫城的御道。这一建筑组群，构成了唐代大明宫内规模宏伟、礼制庄严的外朝听政区域，是唐王朝的皇权象征和国家标志，也是“千官望长至，万国拜含元”描述的地方。

推荐您坐游览车观赏大明宫，可以饱览公园满目苍翠的绿化环境。历经多年建设养护，占地 3.5 平方公里的遗址公园已成为全国最大的城市森林公园，吸引了无数西安人到这里感受遗址上绿海的纯净空气。

大明宫的地下博物馆一定要去！博物馆采用半地下式建筑格局，总建筑面积近 1 万平方米，以独特的展示手段，将古代文物精品与新型展示手法完美结合，全面展示了大明宫宏大的宫城规模、精巧的宫殿建筑以及博大精深的唐代历史文化。

千年古都，常来长安。大明宫国家遗址公园被誉为东方古建筑遗址标志性建筑，教人怎能不看它！

陕西省西安小学 / 张新童　指导老师 / 宜　静
摄影 / 王旭东

汉时的那一池水光接天又重现长安了

“汪汪积水光连空，重叠细纹晴漾红。”在西咸新区的昆明池，你能重见汉时长安那一幕烟波浩渺。

昔日的昆明池，是汉武帝在上林苑周、秦皇家池沼的基础上扩建的我国历史上第一座大型人工湖泊。起初，它是汉朝军队练习水战的场所，后因风景优美成为人们泛舟游玩的不二选择。干涸了千年后，昆明池在2017年重获新生。据说，古代昆明池也是牛郎织女传说的起源地，

昆明池鹊桥

豫章大船

所以，在新的昆明池基础上，这里还建成了以爱情为主题的七夕公园。

如今昆明池最美的地方，就是七夕湖中的鹊桥，它也是网红打卡族的最爱。这里岸边银杏随风摇曳，竹林沙沙作响，平静的水面如同镜子一般。漫步桥上，池中小鱼往来，池边花儿斗艳，为昆明池串起了一条绚烂的花链。

如果是夏天，建议您夜游昆明池。柏树林间的小灯星星般闪烁，漫步在幽深的树林里，听着夏蝉的鸣叫，你会不由自主地放慢脚步，仿佛置身于深山中，瞬间扫去一身的疲惫。

昆明池，亦古亦今的长安水世界，亦真亦幻的七夕传说地。

西安高新区第六初级中学 / 高晨智　指导老师 / 刘　润
西咸新区　供图

四方城上
忆千年往事，看繁华西安

长长的西安城墙，圈住的是长安的往日时光。它是中国现存规模最大、保存最完整的古代城垣。

登城墙的城门不止一处，但最具仪式感的是古都迎宾第一门户——永宁门。

站在城墙之上，脚下厚重的青砖写尽了千年沧桑，无声讲述着传奇故事。

玄奘取经归来，在朱雀门前一洗十六年的风尘。李自成兵临长乐门下，慨然长叹：皇帝若得长乐则百姓长苦矣！这“玉祥门”，则记录了冯玉

西南城角

祥解救西安老百姓的丰功伟绩。这些历史传奇，依然历历在目。

眼前的一辆辆单车，将游客拉回现实。城墙上四方游客纷至沓来，这里也成为西安的一处休闲运动场所。阳春三月，夏日黄昏，秋高气爽，冬雪覆盖，无论哪个时节，西安城墙上都会有各色打卡达人用现代影像记录下古老城墙的容颜。

除了打卡拍照，大家还可以身穿古装，体验一把穿越，或与三五好友骑着单车在城墙上观赏美丽风景。

如今，城墙之外高楼林立的繁华与城墙之内的古朴完美结合。城墙之下的环城公园成为晨练者的天堂，清澈的护城河与城墙相依相存。西安城墙国际马拉松比赛、西安城墙全国汉服婚礼、西安城墙灯展更是有趣。

西安城墙，圈出古代长安固若金汤的城池，也勾勒出当代西安底蕴深厚的文化符号，你一定要来这里走一遭。

西安高级中学 / 苏楚涵　指导老师 / 刘道兴

摄影 / 李荣国

插画／阿　骨

城墙下的柔波里
你会甘心做一棵水草

河水碧波荡漾，轻舟游弋其上。我带大家游览西安城的“项链”——护城河。

西安护城河是城墙外围环城一周的人工防护河，古时它是防止敌人侵犯的屏障。当您乘坐古色古香的画舫，泛舟在碧波荡漾的护城河上，抬头便看得见中国现存规模最大、保存最完整的古城墙。厚重而古朴的城墙，默默地彰显着千年古都的庄严和恢宏。

经过多次修葺，护城河的两岸建起了绿荫环绕的景观带，无论是漫步河边还是泛舟河上，都有一种人在画中游的感觉。

护城河边是周边市民晨练之地的不二选择。除了健身游戏的人，吹拉弹唱者也随处可遇。

今天的护城河，不仅是西安全域治水工程中的重要一环，也是高品质城市公共开放空间的标志性景观。

外地朋友来了，最好看看这里的夜景。灯光辉映下，护城河美得明艳，美得清澈，美得让人“甘心做一棵水草，油油的，在水底招摇”。

西安高新第二小学 / 董高听雨　指导老师 / 张　峰
摄影 / 赵　晨

买真“东西”
全世界只有这一个地方

从古至今，我们购物时都会说“买东西”，可你知道为什么不说“买南北”吗？

那是因为，在唐代的长安城有东、西两座大型市场，人们购物要么去东市，要么去西市，久而久之，购物就变成了“买东西”。

大唐西市曾经是世界上最大的商贸中心，也是丝绸之路的起点。各国的客商聚集到这里，带来大量的皮草、珠宝、香料等“进口货”，又将中国的瓷器、茶叶、丝绸销往世界各地。

当时的大唐西市有 130 个足球场那么大，220 多个行业、4 万多家商铺汇聚在这里，随便走到哪条街都有二三百家商铺摊位，盛极一时，因此也被称为“金市”。

今天的大唐西市是在原址上修建的商业中心，我们全家都喜欢来这里。爷爷喜欢这里的博物馆和古玩城；奶奶热衷于逛超市；爸爸喜欢进电影院；妈妈每次来必打卡书店和购物中心；我最喜欢的呢，是这里的各种小吃。

西安市莲湖区庆安小学 / 胡海臻　指导老师 / 唐　燕

大唐西市　供图

楼观，问道在青山

楼观台，位于西安周至县的终南山北麓，南依秦岭，是我国著名的道教圣地，素有“天下第一福地”之美称。

相传老子曾在此讲授“道德五千言”，因此楼观台还有个别名“说经台”。唐玄宗时期，楼观台再次扩建，遂成当时规模最大的皇家道观，影响一直绵延后世。

登临楼观台，千峰耸翠，犹如重重楼台相叠。沿路南行，在山顶北望秦川，星罗棋布，阡陌交通，点缀着绿树如云的村落；自楼观台东南行，“树林阴翳，鸣声上下”，悠扬的钟声在竹林深谷间回荡。再往下走，溪水淙淙，水流清冽，

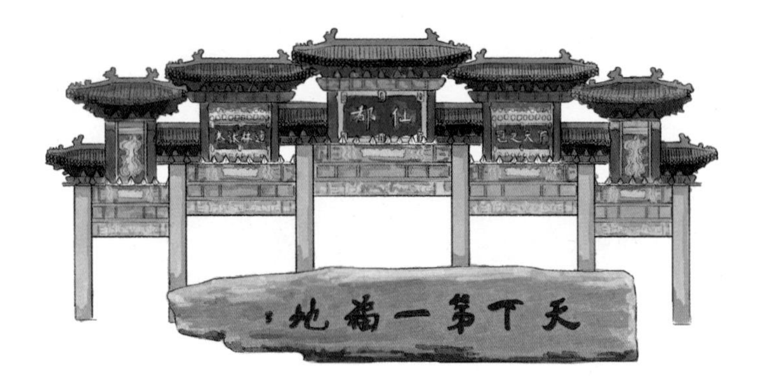

水底的石头清晰可见，石间的鱼儿“俶尔远逝，往来翕忽”。抬头便可看见一道瀑布，虽不及“飞流直下三千尺”的宏伟壮阔，但在这山水之间也是“别是一般滋味在心头”。

山高水远，峡谷急流，瀑布幽潭，绿竹青树，它们与悠久的道教文化一起，构成了今天的楼观台。

西安经开第二中学／潘闽悦　指导老师／谢羽茹
摄影／雷补团

古城
那一街拂不去的旧日书香

从明清至今，书院门或许是古城最有书卷气的一条街巷了。

西安人通常所说的“书院门”，指的是从碑林到关中书院门口的一条步行街。书院门口有一座古韵十足的高大牌楼，牌楼上方是“书院门”三个金灿灿的大字，两旁还有一副对联：“碑林藏国宝，书院育人杰。”这副对联就是专门写给关中书院的。

书院门是热爱书法的孩子们常去的地方，青石铺砌的街道两旁是清一色的仿古建筑，售卖笔墨纸砚这些文房四宝的店铺鳞次栉比，空气里都有纸墨的香气。理学大师冯从吾的石像矗立在繁华街道的北侧，关中书院便在石像背后。

大人都说，陕西自古以来就是有名的教育大省，“关中书院”是明、清两代陕西的最高学府，也是全国四大著名书院之一、西北四大书院之冠。然而，关中书院却一度被毁，这是怎么一回事呢？

原来，关中书院和一个叫冯从吾的人大有关系——因为明末皇帝沉迷酒色，以魏忠贤为首

关中书院

的宦官独揽朝政，当时的大官冯从吾上书批评魏忠贤，皇帝不高兴，冯先生愤然辞官回到故乡西安，在宝庆寺讲学，希望唤醒人心。由于来听课的学生太多，难以容纳，故将其东“小悉园”改建为“关中书院”，成为当时陕西的最高学府。魏忠贤们当然不高兴了，竟下令禁毁全国各地书院，冯从吾以绝食抗争保护书院，却因年迈体弱，饮恨去世。直到清朝，关中书院才再次振兴。

重建的关中书院环境优美，布局规整，整体建筑为四合院形制，院内幽寂清雅，风景秀丽。置身院内，仿佛能看到数百年前讲学的热闹场面。先辈们救世济民的思想精髓，似乎从未从这座几经废兴的书院里离去。

如果你也爱书院门的这一街书香，我在这里等你来。

西安市碑林区东关小学 / 田家兴　指导老师 / 杨丽娜
摄影 / 梁　萌

一场如梦如幻的入城式
解读了“长安范儿”

吊桥放下，城门徐徐打开，在恍如穿越的入城式中，西安迎来了又一批尊贵的客人。

这盛大的礼仪，被称为“中华仿古迎宾第一式”。

西安南门仿古迎宾入城式是依托城墙永宁门景区打造，根据古代礼节及唐朝时的迎宾礼而创作的皇家迎宾盛典，已成为西安对外交流的一张璀璨名片。

南门入城式

有朋自远方来，不亦乐乎？在古朴悠扬的古乐声中，一排排“武士”手持武器，在金色的灯光下列队出迎，一下将人们带入历史的金戈铁马中；一队队皇家仕女华彩霓裳从厚重的城门中走出，闪烁的彩灯打在华丽的服饰上，好似从古画中走来；文官武将一声“放吊桥，开城门，迎贵宾”，婀娜多姿的歌女们舞起轻盈水袖，向尊贵的远方来宾献歌献舞。

古乐、古装、古礼，映古城；古香、古色、古风，醉今人。仪式通过穿越周、秦、汉、唐等历史时空的方式，向世界展示了独具魅力的西安神韵。加上现代化的声光电效果，立体化、全方位地展示出古今结合的华美场面。

满是“长安范儿”的南门仿古迎宾入城式，先后接待过众多的外国元首、海内外贵宾，开启了他们在古城西安的中国文化之旅。

如果有缘，站在附近的楼上，或在现场之中，看一场迎宾进城式，也是一种眼福。

西安市灞桥区宇航小学／张晨依　指导老师／张　峰
摄影／梁　萌

他的陵墓旁
皇帝曾下马步行

说起西安下马陵，必然会提及一个人，那就是汉代著名的改革家董仲舒。

他，就长眠在这里。

下马陵是西安南城墙下和平门至文昌门之间一条延伸 800 余米的老街道。

董仲舒自幼天资聪颖，少年时酷爱学习，他一生历经三朝，度过了西汉王朝的极盛时期，死后得到武帝刘彻的眷顾，被赐葬于长安。相传有一天，汉武帝经过这里时，为了表示对他的尊敬，特地下马步行，于是民间称这里为下马陵。由于长安官话中“下马”与“虾蟆”同音，几经流传，便唤作“虾蟆陵”。

来到下马陵，只见面前的这座古典民居式建筑旁，清晰地写着“董仲舒墓”。里面很简单，

一座仿古建筑——董子祠，后面一个青石垒起的土堆，和一座仿古的亭子。

如果你用心感受，你会发觉这是一个非常有味道的地方。伴着道路两旁郁郁葱葱的树木，漫步于下马陵青石道路上，你能切身感受这里充满着清静安逸的气息。青石铺成的小巷道路与厚重的城墙相依，那种感觉瞬间将你带入这座古城的千年记忆。

西安市莲湖区工农路小学 / 梁晓龙　指导老师 / 孙　倩
摄影 / 邢苗岭

没错，这是李白给杨贵妃写下“云想衣裳”的亭子

“云想衣裳花想容，春风拂槛露华浓。”

李白的即兴之作散发出的天才光辉，足以让后世的沉香亭成为千古诗亭。

走进西安兴庆宫公园，面前这座重檐宝顶、巍峨大气的建筑就是沉香亭了。

沉香亭位于皇家园林兴庆宫内，因为亭子全部用名贵的沉香木建造而成，故名“沉香亭”。亭前遍植芍药、牡丹等珍贵花木，一到春夏，花团锦簇，芳香四溢。唐玄宗和杨贵妃经常在这里设宴听乐、观舞赏花，诗仙李白的千古名诗《清平调词三首》便在这里写就。

2021 年，兴庆宫再次全新亮相。景致别有一番风韵：碧色的亭顶，朱红的立柱，雕梁画栋，玉色石栏，龙腾浮雕，还有郭沫若、赵朴初题写的匾额和李白醉卧石像。想象中，我们可以听到一千多年前的吟诗声、歌曲声、谈笑声，看到李白、唐玄宗和杨贵妃的身影。

登上台阶，凭栏远望，体会诗仙笔下“解释春风无限恨，沉香亭北倚阑干”的心境，重温诗仙供奉翰林的才华横溢，即使在千年后的今天，也是一桩风雅到极致的美事！

西北工业大学附属小学龙湖分校 / 傅睿怡　指导老师 / 高冠群
摄影 / 林　全

SHIHUA SHANHE

XI' AN

诗画山河
西安

和合南北
泽被天下

秦岭者，华夏文明之源，千年古城之根也。

望长安之南，有群山巍巍，横亘中原，分划南北，气象迥然，其西起昆仑，东至豫西，绵延八百里。至豫北，延渭南，方十二万里也。文明起于北，乃华夏之龙脉，神州之渊源。

观长安之山水，在秦岭一脉，山岳如林，峪溪遍布，延绵似锦，千百不绝，无兀高之山，亦无深坠之谷，密林浑浑，均布山间，自然之乐。至春绚柳暖，绿遍山原，仿佛可见，冰融泉洌，潺潺不绝，枯木吐春，飞燕衔暖。若日升东方，则金霞在天，天色明艳，蔚白参半，日明透天，映影林间，则石影驳杂，明暗可见，微风徐来，叶摇影斜，游之觉春明景媚，心旷神悦。

及秋高云拂，朱砂透染，金树赤叶，似火如焰，风及林梢，沙沙成韵，阵雁南飞，乌鸣猿啼。观山林之间，飞禽鸟，走猿狭，跃锦鳞，奔虎豹，万类霜天，生息与共。白雾缭绕，云横秦岭，日出日落，晦明变化其间。太白孤峰，高绝限日，银装素顶，千年未变，虽秋临秦川，四顾之不见萧然。

莽莽秦岭，奠宏基伟业，助秦一统，护华千年。楼观终南，《道德经》著，传世千年。大象无形，上善若水，铭记心间。辋川幽邃，摩诘读佛，佛轮自转。太白、乐天之文，后世流传。

于秦岭、长安，横贯古今，兼容并蓄。历史如十三朝之古都，山水似大秦岭之隽秀，上承历史，千古圣火不绝，下启未来，万世荣光流芳，望四海友人，会于斯，共论海天之阔，共享灿烂之景。

陕西师范大学附属中学分校 / 王凌云　指导老师 / 王子璇
摄影 / 马亦生

听，“秦岭四宝”在唱四季歌呢

秦岭，华夏之龙脉。绵延八百里，重峦叠嶂；纵横两千载，源远流长。山环水绕，翠色葱茏间，亦悄无声息地孕育了无数可爱的生灵，让这座横亘中原的山脉多了一抹灵秀，多了一份生机。

朱鹮清脆的啼鸣唤醒了一个春色盎然的秦岭，花红柳绿间，交织着它朱红的掠影；旭日东升，它缀成朝阳旁的火红一点。翩翩兮朱鹭，羽毛如染，是春天的信使。

金丝猴欢闹的嬉戏迎接来一个夏日荫凉的秦岭，郁郁葱葱间，点缀着它小巧玲珑的倩影，游

荡在繁盛的林间，无拘无束，留下婆娑的缕缕金丝。越越兮灵猴，金发如冠，是盛夏的精灵。

羚牛辽远的长鸣回荡在一个秋高气爽的秦岭，橙黄橘绿间，映照着它英武健壮的身影，伴着落叶沙沙，牛哞空灵，踏着厚重的金毯，独自远去。巍巍兮羚牛，双角如剑，是金秋的勇士。

熊猫香甜的小憩轻诉着一个银装素裹的秦岭，冰天雪地间，映衬着它憨态可掬的身影，浑身蜷缩似一个洁白的雪球，缀着墨斑点点。憨憨兮熊猫，是凛冬的倩影。

朱鹮将天空又染成了赤红，金丝猴闪烁的金斑又在林中浮动，远处依稀听见羚牛悠远的声音，近处熊猫蜷曲酣睡，做着甜美的梦。春秋冬夏，岁岁年年，歌声不停，灵动不止，莽莽秦岭，万类霜天是它最伟大的馈赠，生息与共是它最精彩的模样。

西安高新第一中学初中校区 / 张清杨　指导老师 / 党江涛
摄影 / 马亦生

一个民族的史诗
在这里流淌

“蒹葭苍苍，白露为霜。所谓伊人，在水一方。”盘绕在三秦大地的渭河，是这首国风的起源地，也是关中大地的母亲河。

水土肥沃的关中自远古秦地延传至今，泱泱渭水也随着中华文明一直绕着长安流淌。《尚书》记载，渭河发源自甘肃鸟鼠山，匍匐过陇地，穿越秦岭与六盘山之间的缝隙，以雷霆万钧之势挣脱束缚，径直向宝鸡峡口流去，最终进入平坦富饶的关中盆地。

千年渭水孕养了咸阳古渡，让车水马龙的盛况永远留在了史书中，后人传唱的《阳关三叠》也流传于渭水旁。水量适中又温顺清澈的渭水格外适合一个文明的成长，从远古后稷的教民稼穑，到西汉时的古漕运，渭水蕴藏的是一个民族

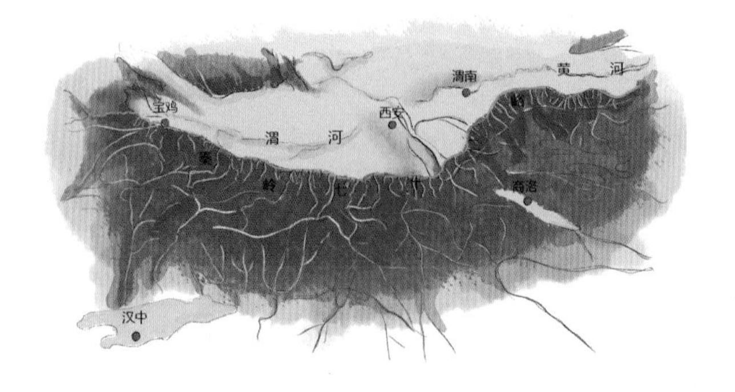

发展的壮丽史诗。

渭河，也遭遇过至暗时刻。历史上的乱砍滥伐与长期单一的农作方式，让渭河中泥沙变多，上流的泥沙淤积最终导致下流水量剧减，旱涝频繁，再加上防洪基础脆弱，渭河洪灾频发。为了给子孙后代留下一泓清水，渭水全线综合治理工程拉开帷幕，疏通河道，为渭水带来了汩汩流淌的全新生机。渭河西安段周遭，如今已是一幅人与水和谐相处的生态图卷。

万千甘霖汇入雨泽，碧浪中有鱼虾隐藏，化尽万古尘埃，柔软而坚韧地在九州腹地流淌，日出之光被水滴打散，在天地间呈现出一片云蒸霞蔚的绝美风光。这里是被渭河浇灌的土地，有一群被渭水哺育的人民，渭水亘古流淌，不仅维护着一方水土长安，更是华夏文明永远不息的象征。

这便是泱泱渭水，穿过岁月、饱含希望的渭水。

西安市曲江第一中学 / 刘瑾宸　指导老师 / 王珊珊
摄影 / 赵　晨

渭河
“母亲河”青春归来

渭河，关中的母亲河，正洗净她容颜上的尘埃，恢复她曾经的清丽和柔美。

就拿流经西安的这一段渭河来说吧。

在爷爷的记忆中，渭河是一条有点不听话的河，它一旦发起洪水，两岸的良田、村庄便都遭了殃；在爸爸的记忆中，渭河是一条泥沙很多的河，浑浊不堪；而在我的眼中，渭河可大变样了，它水清、岸绿、景美，是一条充满诗情画意的河。

经过持续综合治理，渭河西安段已经被打造为安澜河、生态河和景观河，实用度和美观度都大大提升。漫步在宽阔的河堤路上，一侧芦苇摇曳、碧波荡漾，另一侧亭台楼榭、杨柳依依。近

渭河湿地

处有水鸟翩跹、风筝飘动，远处有灞渭桥巍然矗立，恢宏大气。

沿着河堤路蜿蜒向西，紫薇湖、草滩公园和渭河城市运动公园依次映入眼帘，如同一幅美丽的画卷。大家还可以在此泛舟、采摘、烧烤、垂钓。在花草树木、湖泊亭台的掩映下，流淌不息的渭河像一条飘扬在西安北部的“绿丝带”，开启了水生态文明建设的新篇章，也为古城西安增添了灵动与妩媚。

大诗人李白曾这样赞美渭河：“渭水银河清，横天流不息。”而我要这样赞美渭河：水清岸绿风光美，水鸟翔集意趣多。

西安经开第二小学 / 李雨欣　指导老师 / 张斌妮
摄影 / 赵　晨

碧水满城
“八水”记忆依稀归

古有八水绕长安，今有碧水满西安。

西安地处渭水平原，自古就是一个土地肥沃，水资源丰富的地方。我们智慧的祖先，选择“临河而居”，西安东郊的半坡遗址，就是证明。而十三个王朝都能在长安建都，更不是随意之举。“四郊秦汉国，八水帝王都。”“八水”就是指围绕在西安周围的渭、泾、沣、涝、潏、滈、浐、灞八条河流。

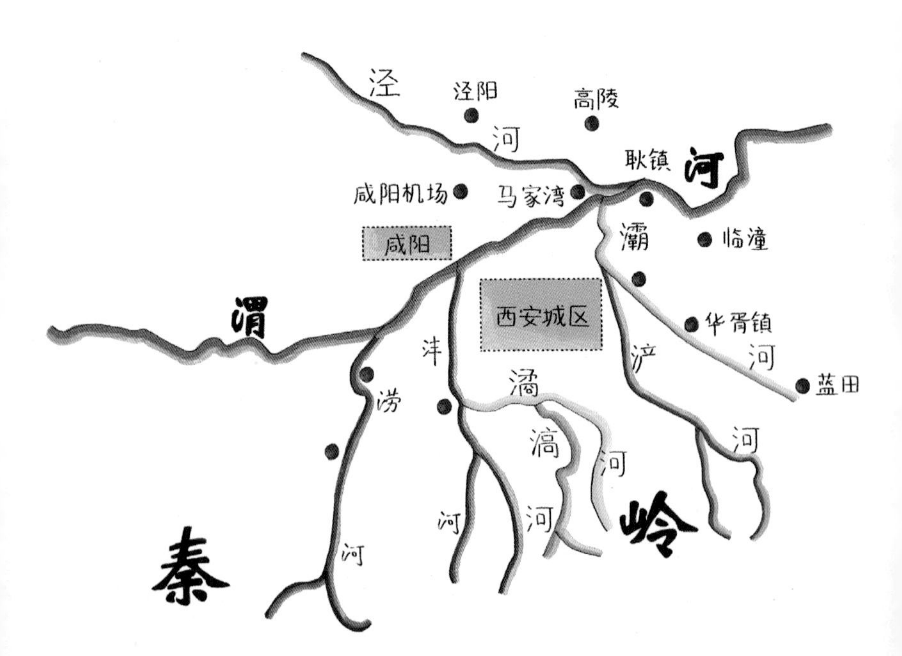

“送君灞陵亭，灞水流浩浩。”李白诗句中提到的灞水，就是指灞河。在唐代灞桥遗址的灞河下游十多公里处，西安奥体中心犹如一朵巨大的石榴花在那里绽放。“关关雎鸠，在河之洲。窈窕淑女，君子好逑。”《诗经》开卷第一首诗提到的“河”，经考证，就是沣河。今天，你站在沣河大桥上眺望，河面宽阔，河水清澈，白鹭、黑鹳不时掠过河面，一个有着郊野风貌和田园风光的滨水生态景观长廊展现在眼前。此外，泾河、涝河、潏河、滈河、浐河、渭河，或清丽，或婀娜，或古朴，或雄壮，都以不同的风貌展现在人们面前。

曾经“八水”环绕的长安，如今正通过“全域治水，碧水兴城”工程，统筹水生态、水环境、水安全，以水质提升、河道治理、路网连通、城市增绿、生态修复、文化保护为重点，打造一条西安水资源的绿色生态廊。

“碧水长流、鱼翔浅底”不再是今日西安人的梦想，“八水绕长安”的古老记忆正在依稀归来。

陕西省西安小学 / 郭高如　指导老师 / 闫巧利

泾渭分明
是西安景，也是西安人

到西安泾渭汇流处，看“泾渭分明”西安人。

在泾渭分明观景台，大家可以看到这样的千古奇观：泾河水流入渭河时清浊不混，明显分界。著名的“泾渭分明”成语就源自这里。

“泾渭分明”最早出自《诗经》中的诗句“泾以渭浊，湜湜其沚”，后来演化成比喻界限清楚或是非分明的成语。渭河作为黄河最大的

支流，发源于甘肃，经陕西汇入黄河；泾河作为渭河的支流，发源于宁夏。泾渭两河就在这里相汇，形成了清澈和浑浊之水相互分隔的“泾渭分明”景观。

泾河和渭河孰清孰浊，在古代便存有争议。我查找资料后发现：在汛期，泾河水相对浑浊，渭河水相对清澈；而在非汛期，泾河水相对清澈，渭河水则显得浑浊。因此，“泾清渭浊”和“浊泾清渭”也经历了多次转换。

长辈们说，或许正是“泾渭分明”的奇观，孕育了西安人的性格——做人做事就要做到辨别是非，泾渭分明。

西安经开第二小学 / 符芮祎　指导老师 / 陆　瑞

“湿意”浐灞
生命在水畔的悠然绽放

若要说陕西最美的生态空间在哪儿，西安浐灞国家湿地公园绝对榜上有名。

这里是国家 AAAA 级风景区，它最大的亮点是水资源量多，还是全国三大候鸟迁徙路线之一。

对！它就是你眼前的浐灞国家湿地公园。

在这里，春季踏青赏花，夏季观荷采莲，秋季采摘百果，冬季候鸟嬉戏，每一季都充满魅力。

每年夏天，妈妈都会带我来这儿写生，“小荷才露尖尖角，早有蜻蜓立上头”的美景，“接天莲叶无穷碧，映日荷花别样红”的诗情画意，都被我一一画下。

浐灞国家湿地公园水资源丰富，水域面积高达2000多亩。大面积的水地，为动植物繁衍提供了良好的栖息环境。这里有娃娃鱼、锦鲤、孔雀、鸿雁、斑头雁等。不仅如此，这里还是全国三大候鸟迁徙路线之一。随着季节更迭，白琵鹭、大天鹅等鸟类相继栖住，像是一个动物乐园。

更加神奇的是，浐灞国家湿地公园的水从灞河而来，通过取水口、沉沙池、人工湿地、种植池、退水口层层净化后，又回到灞河里。这样很好地保障了浐灞及渭河水系的生态安全。

西安市浐灞第三小学 / 潘　铭　指导老师 / 王晓涵
摄影 / 雷补团

一座世界级的园艺大观园

世园会已成记忆，世博园却依旧在等你。

2011 年，第 41 届世界园艺博览会花落西安。三年后，西安世博园在浐灞生态区横空出世，园区内有湖，有塔，有花谷，还有几个大场馆。

长安塔是西安世博园的标志性建筑，由中国工程院院士张锦秋设计。整座塔与我们平日所见的塔不同，具有鲜明的陕西文化特色；方形塔身采用钢结构框架及全玻璃幕墙设计，具有强烈的

世博园长安塔

现代感。世园会会歌《送你一个长安》的 MV 就是在这里录制的。

站在长安塔上俯视锦绣湖，塔影婆娑，湖畔绿植掩映，曲径通幽处便是自然馆。馆里展示了种类繁多的植物及生态景观，满眼都是各种在北方看不到的植物。漫步园中，到处可见湖水荡漾，林木葱郁，水鸟游弋，惬意非凡。

看世界级园艺，请到西安世博园。

陕西师范大学附属中学/郑砚心　指导老师/胡　蓉
摄影/王旭东

天汉记忆
湖边大风歌

位于西安城区的汉城湖公园是以汉朝漕运遗址为基础开发建设的一座汉文化主题公园。走进公园大门，闻名遐迩的“大风阁”映入眼帘。它分为五层，主体高度为63.3米，仿汉建筑，取意于汉高祖刘邦的《大风歌》中“大风起兮云飞扬”的意境。

绕过大风阁向北，就来到了回澜桥。桥是拱形的，两侧分别有两个小桥洞。桥的造型给人一种曲径通幽的感觉。再向西北方向前行就可以登上汉长安城城墙遗址，极目远眺，几面写着大“汉”字样的红色旗子高高飘扬，像守城护卫兵一般笔直威武。

汉城湖遗址公园是一座园林式公园。竹林郁郁葱葱，若你闭眼深呼吸，瞬间让你神清气爽。

汉城湖水量丰沛，在艳阳的照射下，波光粼粼，像无数条银鱼在湖里游来游去。

这里虽然是一座古韵十足的主题公园，但还有充满童趣元素的儿童游乐场。坐在摩天轮上，你可以用“上帝的视角”将汉城湖美景尽收眼底。

汉城湖大风阁

每个遗址公园都有它的灵魂标志，公园广场上汉武大帝的巨型雕像便是这里的标志性建筑，游客也只有伫立在此雕像前，才能真切地感受到它的威武。

公园的夜景也是别具一格。夜幕降临之后，大风阁上霓虹闪烁，流光溢彩，为古色古香的汉城湖遗址公园增添了不少现代的气息。

漫步汉城湖遗址公园，许多穿着汉服，盘起发髻的小姐姐身影格外引人注目，真正应和了那句“你站在桥上看风景，看风景的人在楼上看你”。

陕西省西安小学 / 王茗萱　指导老师 / 范凌云
摄影 / 赵　晨

渼陂湖的千年秀水
惊艳了时光

我们家门口有个水系生态文化旅游区。也许是因为太美了，又水灵，它的名字叫渼陂湖。

鄠邑区西边有一条河叫涝河，是“八水绕长安”中的一水，渼陂湖就建在涝河西边。这里岸绿，水清，风景如画。涝河水养育了鄠邑区的祖祖辈辈。我外公是个走遍万水千山的旅游爱好者，见证了渼陂湖项目从无到有的全过程。这里每一处还没开放的区域，他都会提前打探。

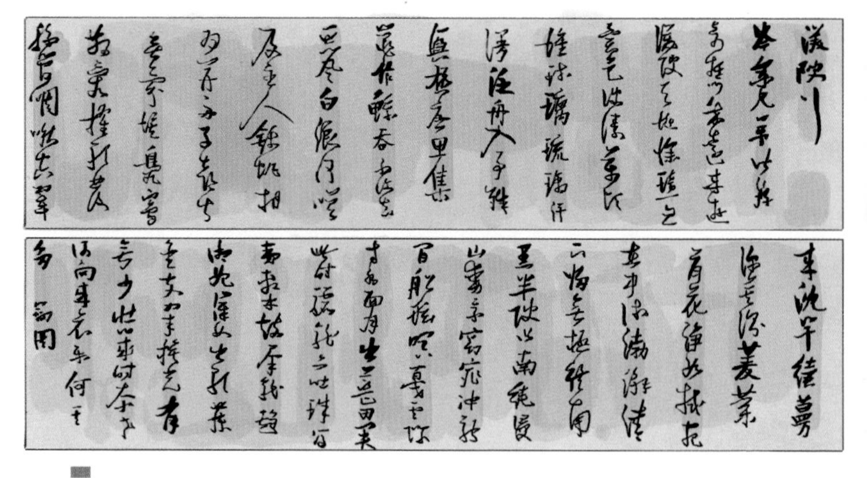

杜甫《渼陂行》

从我外公家步行到渼陂湖，用时不到10分钟。像我外公和外婆这个年龄的人们，每天都会在这里锻炼。俩老人时常感叹：这么美的地方，神仙家也不过如此吧！

渼陂湖的美惊艳了时光，从秦朝到汉朝再到唐朝，渼陂湖都是由朝廷直接管理。东有曲江池，西有渼陂湖，吸引了众多文人墨客留下佳句。

现在，我们得以目睹杜甫笔下“波涛万顷，水天一色”的历史盛景，仅目前开放的萯阳和渼阳二湖就已经美如仙地，吸引了万千游客前来观望，很难想象千年之前的渼陂湖该有多美！

西安滨河荣华实验小学／贾馥榕　指导老师／谢琪梅

绿色中运动
森林中呼吸

西安北城藏着一个亚洲首屈一指的主题公园——西安城市运动公园。

公园里有百余种珍稀树种，呈现出生态、自然的一面，同时它也是一个以球类运动为主，兼具休闲、游憩等功能，为市民提供一流运动设施的休闲场所。

公园整体分为两大区域：外围区和湖心岛区。湖心岛区有按照国际标准建造的足球场1个、网球场6个、篮球场4个，属全国一流场地。

在运动公园里，连接各个场地的道路铺设塑胶路面，有两座景观桥——健桥与康桥通往湖心岛区；湖心岛区设有一个岛中岛——竹岛，以木栈道相连，岛上林木丰美。

外围区有按照国际标准兴建的主、副体育馆，包括老人、儿童活动区，三人篮球场活动区和小型休憩广场。通过踏步、台阶、白杨树林等景观，以及错落有致的高低差，营造出运动休闲的氛围。

公园里的儿童游乐区设有沙坑、整体儿童活动器械、儿童足球场等；并铺设塑胶路面，安全舒适。老人活动区设有两个门球场和一个迷宫，均是根据老年人的体能特征而设置的，体现了全民健身、大众运动的理念。无论置身公园的哪一个角落，都有悦耳的音乐声帮助游览者放松身心。

城市运动公园为这座古老而现代的城市增添了青春与活力，我们等你一起来运动！

陕西省西安小学／钱宣瑞　指导老师／常媛媛
摄影／邢苗岭

口袋公园
街角等你的那一抹温馨

大家好！我要给你们介绍的是我们西安人的“小确幸”——口袋公园。

口袋公园也称袖珍公园。据统计，目前西安的口袋公园和绿地广场共计 1100 多处。我们现在身处的就是一个口袋公园。您看它，“麻雀”虽小，“五脏”俱全，大公园里有的，这里一样都不少，鲜花、绿植、座椅、跑道、健身器材……

在西安，除了“金阙晓钟开万户，玉阶仙仗拥千官”的大明宫，“昔日烟柳繁华地，今夜曲江明月楼”的大唐芙蓉园，“湖面光影动，碧水

闪银光”的汉城湖等大公园，街头、转角、小区门口的口袋公园也随处可见。口袋公园，为我们生活休憩增添了好去处。大人们吃完饭，不再躺在沙发上看电视、刷手机，而是走出家门，来到自己家门口的小公园里散步聊天、锻炼身体。小朋友们在小公园里踩着滑板车，空气里都是欢声笑语。

我们小区门前原来是一片空地。一到夏天，就有些人支起大棚，摆上桌子，烧烤喝酒，事后满地狼藉。现在这里“摇身一变”，成了口袋公园。爸爸陪妈妈散步的时间多了，我和小伙伴一起玩耍的次数多了，邻里之间打招呼的多了……

口袋公园，真是西安人装在“口袋”里的幸福。

西安市未央区范家村小学 / 张西贝　指导老师 / 聂梦颖
摄影 / 梁　萌

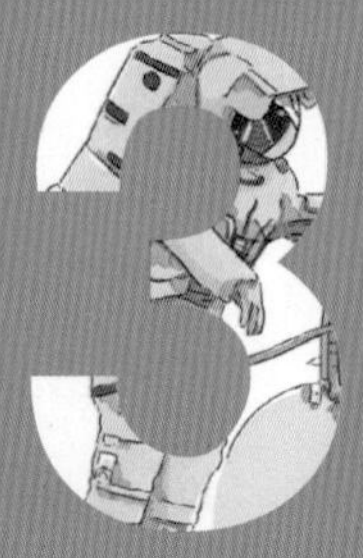

KECHUANG ZHONGZHEN

XI' AN

科创重镇
西安

中国大飞机
圆梦在这里

我的家在一个充满神秘色彩的地方，那就是中国的航空城——西安阎良国家航空高技术产业基地！

“鲲鹏展翅起，天高任我飞。”大家应该听过我国的大国重器鲲鹏运 -20，而阎良就是它的故乡。这个憨态可掬的“胖妞”运 -20，为国人圆了一个大飞机梦，我的家人很荣幸也参与了大飞机的制造过程。

“航空报国，强军富民，铸国之大器，天地人合，闾阎良善，拼搏创新，追求卓越”是阎良的城市精神。

阎良，位于西安东北角，经过 50 多年的发展积累，现在已经成为我国最大的集飞机设计研究、生产制造、试飞鉴定和科研教学为一体的航空工业产业基地。运 -20、轰 -6、运 -7 等多种军用、民用飞机都产自这里，无论是国庆 70 周年阅兵，疫情期间运送防疫物资和人员，还是抗美援朝 70 周年接送志愿者遗骸回国，都有它们雄伟的身影！

在阎良，不仅可以参观我们的飞机，还可以触摸悠久而辉煌的历史。从古至今这里都是渭北重镇，“商鞅变法，徙木而立，强秦骤起”的大秦王朝最早的都城——栎阳城遗址就在这里。而即将举行的第十四届全运会，攀岩和滑板项目的赛事也将在阎良举办！

欢迎你们来到美丽的航空城，与运动快乐相伴，一起目睹鲲鹏的雄姿！

西安航空基地第一小学 / 魏恩泽　指导老师 / 杨少蕾

Travel in space
the most beautiful space

Xi' an is the world-renowned tourism destination, it has a long history, more than 3100-year-city establishment and 1120 years as a capital city, starting point of the Silk Road, China' s first city which opened its door towards the outside word. Together with Athens, Rome, Cairo, Xi' an is one of the Four Ancient Capitals of the world with its rich cultural heritage.

But when Shenzhou V spacecraft successfully carried Yang Liwei to roam in space, when Shenzhou VII spacecraft carrying Zhai Zhigang to walk in the space, waving the Chinese five-star red flag, we suddenly found that half of the energy of China's space science and technology industry has been gathered in the thousand-year ancient capital. To our surprise,

the "space base" is the center of space rocket development center, loading satellite development center. We cheer for it!

The target of Xi' an National Civil Aerospace Industrial Base is to set a world-renowned Aerospace Science and Technology New town.

Xi' an National Civil Aerospace Industrial Base, 86.65km² planned area, was set up on December 30,2006, located in the south of Xi' an.

The space base is a semi-humid continental monsoon climate in a warm temperate zone, with an average annual temperature of 13.2 degrees Celsius. There are 10,000 mu of ecological forest east of the base, with fresh air and living and leisure. Base has convenient transportation, subway, highway, navigation advantages, to the north, Chang' an Road, Yanta Road, Metro Line 2, Line 4 crossing, 10 km from the downtown bell tower, connecting the ring highway, 40 minutes to the airport; and 10 minutes from the north on foot.

Travel in space, the great beauty of space, welcome your arrival!

遨游太空
最美航天

西安是世界著名的旅游胜地，历史悠久，拥有3100多年的建城史，1120多年的建都史，中国第一个开放城市，丝绸之路的起点。西安与雅典、罗马、开罗一起，是四大文明古都之一，有着丰富的文化遗产。

当“神五”带着杨利伟成功遨游太空之时，当“神七”带着翟志刚漫步太空，挥舞五星红旗时，我们突然发现，中国航天科技产业竟然有二分之一的力量汇聚于这座千年古都，这个就在身

边的“航天基地”竟然是航天火箭的研制中心、载荷卫星的研制中心！当过去久远的历史与探索未来的航天相碰撞时，喷发出的热情和能量，让身居此处的我们为此欢呼欣喜！

西安国家航天产业基地成立于2006年12月30日，位于西安南部，规划面积86.65平方公里。航天产业基地的目标是打造世界著名的航天科技新城。

航天产业基地属暖温带半湿润的大陆性季风气候，年平均气温13.2摄氏度，基地以东有万亩生态林，空气清新，适宜居住休闲。基地交通便利，向北，龙脉主干线长安路、雁塔路；地铁2号线、4号线穿越而过；距市中心钟楼10公里；接驳绕城高速，40分钟直达机场；并且，距秦岭北麓景观带10分钟车程。

邀游太空，大美航天，欢迎您的到来！

西安市航天城第一中学／魏锦泽　指导老师／马　杰
西安国家级民用航天产业基地　供图

中欧班列过我家
我向世界推荐它

你知道吗？在唐代的时候，货物从长安运到欧洲需要大概一年的时间，而现在的“长安号”，只需要 20 天就能将货物送往欧洲。

有“钢铁驼队”之称的中欧班列“长安号”，它的家位于西安国际港务区。西安国际港务区是中国最大的内陆港，也是第十四届全运会主场馆所在地。

长安号驶入西安港

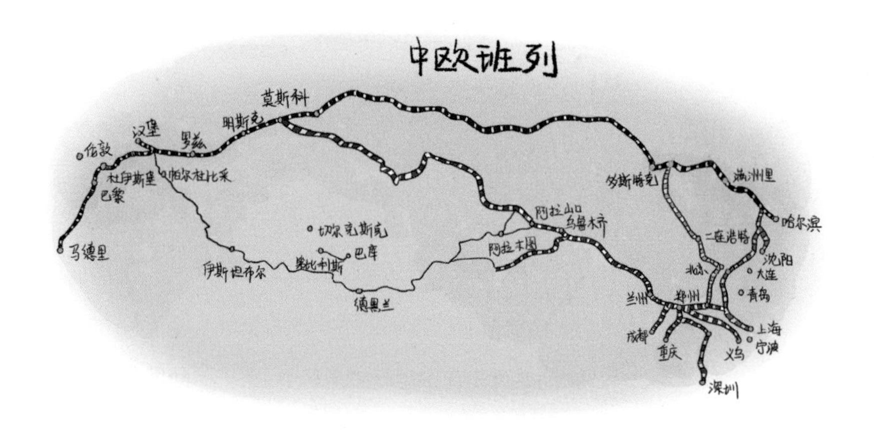

还记得我上幼儿园的时候，这里高楼很少，出门几乎都是大片大片的果园，交通也不是那么方便，一到晚上到处黑漆漆的。

可是短短几年时间，我见证了高楼一栋栋耸立起来，高铁跨越灞河在我头顶飞驰而过，地铁3号线像一条游龙一样从我身边滑过，连灞河底下都修了一条深深的隧道。

来到这里，西安奥体中心体育馆是游客必须打卡之地。体育馆白天看上去雄伟壮阔，到了晚上它摇身一变，像穿上了五彩华服的舞者。夜晚散步在灞河边，眼睛里收获的都是美。

中欧班列路过的地方，是我和我的小伙伴可爱的家，我向世界推荐它。

西安国际陆港第二小学 / 殷卓冉　指导老师 / 杨　琳

高新区，高又新

西安，不仅有一城文化，还有一城科技。

陕西素以“长安八景”著称，而西安高新区以她独特的“强”“新”发展优势被誉为“关中第九景”。

首先来说说她的“强”。目前的高新区累计注册企业超过了 16 万家，前不久还被设立为全国首个硬科技示范区。时至今日，除了处于行业标杆地位的法士特、陕鼓、庆安等知名企业外，高新区还培育了 1100 多家“小巨人”企业，培育了1431 家高新技术企业，并且比亚迪、华为、腾讯、三星等国际知名公司纷纷落户高新区，落地多个重大科研项目。

高新区都市之门

再来说说她的“新”。高新区企业研发出的启明920AI加速芯片，可以运用在无人车等AI应用场景中。高新区自主研发的“打针神器”在全国新冠肺炎疫情防控阻击战中大放异彩……在这里，先进的科技实力转化为生产力的例子不胜枚举，新兴科技又依托着高新区向更高的目标奋进！

蕴文化以行远，兴科技以致高。如翼飞檐下的文化传承，明净桌椅里的青春朝气，林立高楼间的创新氛围……高新区是西安的前进动脉，在这里，跳动不止的是一座城市的创新之心。

西安高新第一中学初中校区 / 许嘉玥　指导老师 / 陈　莎
摄影 / 赵　晨

第七个国家级新区的奥秘
创新与绿色

我要推荐的这张名片很特殊——西咸新区，它是我国第七个国家级新区，也是全国首个以创新城市发展方式为主题的国家级新区。

西咸新区从诞生的那天起，使命便是星辰大海。听！“西部大开发新引擎”“向西开放重要枢纽”“丝绸之路经济带重要支点”“中国特色新型城镇化范例”……哪一个不是天降大任？西咸，注定了要马不停蹄，日夜兼程。

绿色悄然成了这里的主打色。走进西咸，放眼望去，天高地阔，满目青绿。穿城而过的沣河、渭河，碧波荡漾，成群鸟儿掠过水面。马路四通八达，一辆辆公交车开到村口，又通向各个知名景区。浪漫的昆明池，刺激的乐华城，历史深厚的汉景帝阳陵博物馆，梦幻的张裕瑞那城堡酒庄……宜居的脚步，正在缓缓走来。

科技创新为这里插上超越的翅膀。全国首个硬科技小镇西部云谷在这里诞生，汇聚起大量科创机构，吸引高科技人才的中国西部科技创新港效应凸显；三一西安产业园、隆基股份、中车智轨、宝能汽车等一大批知名企业闻风而来。栽下梧桐树，引得凤凰来。这里已然形成了高科技产业聚集新高地，陕西最具创新气质的区域之一。

每一个市民大概都想知道，一个现代时尚、活力迸发、美丽宜居的国家级新区能够给我们带来什么？我想，西咸新区正在写出答案。

陕西师范大学奥林匹克花园学校 / 张鑫琪　指导老师 / 蔡力娜
西咸新区　供图

“秦创原”
无处不在的创新之源

陕西有一个看不见的“原”，悄悄转化着全省的科创资源，让它们由“树种”生长为森林。

“秦创原”不是一个地方，也不是一家机构，它是陕西创新驱动发展的总平台，是陕西最大的孵化器、科技成果产业化加速器和两链融合促进器。

陕西拥有众多高校和科创资源，为了让科创资源转化为高质量发展的强大动力，推动创新驱动迈出更大步伐，就必须要打通科技成果转化“最后一公里”。因此，“秦创原”创新驱动平台应运而生。

2021年3月31日，"秦创原"全面启动，它像一条大河贯穿了三秦大地，汇聚起全省各市的高校、院所、企业的创新力量。

"秦创原"总窗口设在西部科技创新港和西咸新区。它的名字，也蕴含着鲜明的陕西特色，"秦"是老陕人的"拧劲儿"，"创"是创新、创业的典型品质，"原"是打造创新驱动高原高地的渴望。

我的家乡就在"秦创原"总窗口西部科技创新港所在地——西咸新区沣西新城。这里汇集了交大创新港智慧学镇、西工大翱翔小镇、西部云谷硬科技小镇等许多全国著名创新平台和科研基地。

你说，"秦创原"是不是我们陕西和西安一张已经闪闪发光的科创新名片呢？

西咸新区沣西新城实验学校 / 王睿仪　指导老师 / 刘　佳
摄影 / 丁　聘

西安北站
地上通中国，地下连长安

西安北站，透露出满满的唐风汉韵。

它位于西安北城，紧邻渭水之滨，目前是我国西北地区最重要、规模最大的铁路客运枢纽站。

西安北站的设计和建设非常独特，立意为“唐风汉韵，盛世华章”。设计师们融合了唐朝建筑大明宫、含元殿和西安城墙的元素，看起来朴素庄重、雄奇壮美。

西安北站就在我家附近，在我小时候，这里荒无人烟。而今，这里真正实现了几代人“天堑变通途”的梦想！

2017 年 12 月 6 日，西安北站首发开往成都

东站的列车，大诗人李白绝对想不到“蜀道难，难于上青天”从此成为历史。

西安北站上有高铁，下有地铁。由北站发出的地铁有两条：2 号线和 4 号线。如果你想去大明宫遗址公园、大唐不夜城、大雁塔等西安的几个著名景点，4 号线是你的不二之选。如果你想去钟楼，坐 2 号线便可直达。

对啦，连接着机场、北站和西安奥体中心的14号线也开通了。

如果你来到西安，从西安北站下车，地铁可以带你去所有你想去的地方。

西安市未央区讲武殿小学 / 党煜钦　指导老师 / 雷新莹

西安人的火车站
你要当成风景看

“西安人的城墙下，是西安人的火车”，一首火遍西安的歌这样唱道。

火车站这个地方，历来都牵动着无数“老西安”的心，在西安人的心中，它早已升级成了一个文化图腾和精神地标。无论在外地漂泊多久，游子走出火车站的那一刻，回头看见“西安”两个大字，就能感到家的温暖和安心。

2021 年 4 月，改造后的西安火车站正式启用，那真叫一个美观雄伟，设施完善，既有明快的现代仪表，又有典雅的古朴风范。

最为独到的是，西安火车站已经形成了“南衔明城墙，北接大明宫”的特有格局，这是全国唯一一个位于两大历史遗迹中间的客运枢纽站。乘坐火车抵达西安的旅客，下了列车，走出西安火车站，在这块“神奇”的地界上，请你一定要放慢脚步，用心感受——慢下来，你在古城西安的这一趟游览，将注定不是走马观花。

西安火车站新站主楼的造型设计与古城风貌及规划中的周围景物协调一致，色彩与造型完美结合，有一种不可思议的“既亲民又贵气”的感觉。

你一定想不到，在偌大的四个站楼里，还“藏”着两个庭院，茂林修竹、翠草繁花的景致，完全不会让人感到火车站的匆忙，反而会让人有些流连忘返。

西安市新城区八府庄小学 / 冯楗涵　指导老师 / 秦　静
摄影 / 梁　萌

世界的西安是多么近
西安的世界是多么大

无论你从哪里来，西安咸阳国际机场都会让你感到：西安，离家不远。

“东有罗马，西有长安。”作为华夏文明的发源地，长安自古以来便是交通的枢纽、文化的中心，更是中国对外交流的重要都市。

1991 年，一个拔地而起的庞然大物正式亮相，西安咸阳国际机场的历史就此展开。作为我国八大区域枢纽机场之一，西安咸阳国际机场连通全球 37 个国家、228 个枢纽城市和著名旅游城市，目前开辟的通航点达 171 个，拥有 383 条航线。在这里，每天都有 400 余架银鹰在跑道上起落，飞向世界的四面八方。

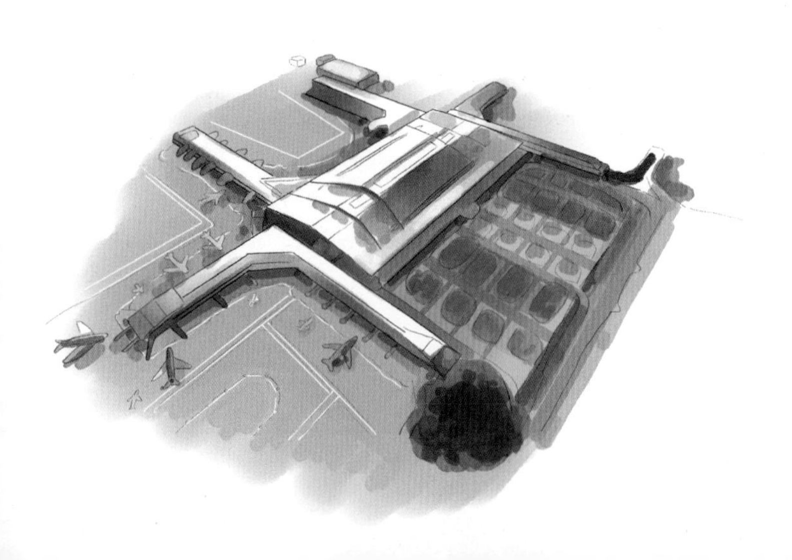

鸟瞰西安咸阳国际机场

从西安咸阳国际机场出发，1 小时航程可覆盖成都、重庆、武汉、兰州等中西部主要城市，2 小时航程可覆盖全国 70% 的领土和 85% 的经济资源，3 小时航程能够覆盖国内所有省会城市和重要的旅游城市。

2020 年，西安咸阳国际机场国内航线网络通达性位居全国第一，更以 3108 万的吞吐量位居世界第 11 位。这座日益扩张的航空港，不仅建起了一座“空中丝绸之路”，体贴而温馨的服务也成为游客初到西安一道亮眼的风景线。

古时候的长安，是记载中华五千年历史的卷轴。历史熏陶下的满腹经纶、脉脉柔情与现代化交通相结合，又赋予了这座城市独特的魅力。

在天空中来往于这座城市与你的家乡之间，你会感受到世界的西安是多么近，西安的世界是多么大。

西安经开第一小学 / 夏一诺　指导老师 / 陈萌萌
摄影 / 刘　越

玉祥门地铁站文化墙——祥瑞新城

每一个地铁站标
都可能通向一段灿烂的记忆

到一个陌生的地方旅游，地铁往往是最方便快捷的交通工具。地铁，也是观察一座城市文化特色的不二选择。

西安，作为一个国际化的大都市，不仅有厚重的历史底蕴，还拥有现代化大都市的地铁群。今天，我就带您走进西安地铁，通过别具特色的站标设计，感受新西安独特的文化气质和精神面貌。

我们从西安城的中心地标——地铁“钟楼”站出发吧！钟楼站的站标以白色正方形为底，

图标中央生动形象地刻画了钟楼的宏伟大门和一层层立体的古代建筑顶，简单而不失精致。

地铁“玉祥门”站，站标上祥云缀在当空，西安城墙环绕；再看“半坡”站的站标，半坡博物馆特有的三角形建筑呼之欲出；“纺织城”站的站标上，是象征纺织工业的汉服及纺织工厂……

截止到 2021 年 6 月，西安已经开通运营了 8 条地铁线路，共设站点 154 个。每一个站台，每一个站标，展示的都是千年古城的文化自信，以及那颗追赶时代的都市之心。

西安高新区第十一初级中学 / 刘梓琪　指导老师 / 冯文博
摄影 / 梁　萌

登临最高“宫灯”
俯瞰一城风景

大家都知道上海有“东方明珠”，在古城西安，也有这样一个“东方明珠”——陕西广播电视塔。

你知道吗？陕西广播电视塔塔高245米，曾是我国最高的电视转播塔，也是西北地区最高的建筑物。

塔体呈八角形，由塔基、塔座、塔身、塔楼、塔桅杆五部分组成，塔身为钢筋混凝土结构，塔楼、塔桅杆为钢结构。

100多米高处的塔楼，形似一盏宫灯。塔楼内建有观光厅、旋转厅，对游客开放，并配有望远镜，登塔远眺，可以尽情观赏四周美景，是西安重要的观光景点之一。

电视塔地理位置优越，地处曲江国家级文化产业示范区西侧，为西安市城南的标志性建筑。从空中俯瞰，陕西广播电视塔位于西安的城市中轴线上，从钟楼正南方出发，沿南大街、长安路直走8公里就可以看到电视塔。电视塔与远处古老的大雁塔、小雁塔遥相呼应，构成一个三角形。高高的塔楼像一盏宫灯，完美融合在西安传统与现代交融的城市气质中。

白天登临塔顶，西安的美景尽收眼底，脚下是鳞次栉比的现代建筑，远处是云雾缭绕的秦岭山脉。到了晚上，电视塔就像一颗漂亮的蓝宝石，在夜西安的灯海中摇曳生姿。

电视塔的风采，你一定不容错过！

西安市雁塔区第二小学 / 张楷瑞　指导老师 / 李明明
摄影 / 赵　晨

穿越百年
你仍是那个勇敢西去的少年

“移来海上杏坛春，桃李长安自可人。涌秀龙原襄盛世，题名雁塔冠群伦。”

西安交通大学，历经世纪风雨，如今风华更茂。

作为世界一流大学建设 A 类高校、全国创新创业典型经验高校、中华优秀传统文化传承基地高校，西安交通大学陶冶了无数求学者的情操，培养了无数栋梁之材。

阳春三月，步入交大校园，行走在思源路，腾飞塔两侧的樱花竞相绽放，如同莘莘学子求知的笑脸。穿过樱花西道，便瞻仰到彭康校长的雕像，继而可见两排挺拔的梧桐。

东西梧桐道环绕着钱学森图书馆，成为交大独特的风景。错落有致的楼体在绿叶虬枝的掩映下显得古朴而厚重，老师和学生来来往往，给这所“花甲重开”的百年名校增添一抹流动的亮色。

时间回到了1955年4月，国务院决定交大西迁。历时四年，15000余人从上海迁至西安，他们以毕生的精力诠释了“胸怀大局，无私奉献，弘扬传统，艰苦创业”的西迁精神。近几年，交大人完成的“风电装备变转速稀疏诊断技术”“化减振阻尼叶片”等项目斩获国家科技进步大奖，显现百年名校的巨大创新实力。

西安交通大学，正以拳拳报国心和强大的科创力，大书着西安之襟怀、西安之活力、西安之未来。

西安高新第一中学初中校区 / 马艺丹　指导老师 / 徐思雨
摄影 / 梁　萌

QINGCHUN DAKA
XI' AN

青春打卡
西安

好一朵美丽的“石榴花”

权威机构评选“2020年全球最佳体育场top10”，中国唯一上榜的体育场，不是北京鸟巢，而是十四运主场馆——西安奥林匹克体育中心。

欢迎来到我的家乡！我要为大家推荐一张最新的西安名片，它，就是十四运的主场馆——西安奥林匹克体育中心。

矗立在浐灞东岸的西安奥林匹克体育中心，是目前我国西北地区规模最大、科技化程度最高的体育中心。从天空俯瞰，西安奥体中心犹如一

朵巨大的钢铁“石榴花”，每个“花瓣”以柔美飘逸的线条勾勒出石榴花绽放、舞动的韵律。夜晚灯光由场内溢出，屋面造型和灯光共同营造的奇幻效果，令人震撼。

奥体中心的音乐喷泉也值得一看。随着大气悠扬的音乐声，音乐喷泉在灯光投影的映衬下，颇有“接汉疑星落，依楼似月悬”的诗意。

西安奥体中心主场馆最多可以容纳6万人同时观赛。夜晚，透明的罩棚透露出赛场内热烈的气氛，奥体中心宛如绽放的盛世之花。那个场景，想一想都让我兴奋！

千年古都，既有你想看的古老，也有你渴望的新鲜！

西安市浐灞第三小学 / 王拓凯　指导老师 / 石　登
摄影 / 赵　晨

SKP时尚百货

南门城墙外的一束时尚之光

矗立在南门外的 SKP，是古老西安的时尚之光，古朴与奢华，传统与现代，在这里摩擦出别样的火花。

西安 SKP 位于南门广场东南角，总建筑面积 24 万平方米，是西安市的重点建设项目。作为西北首席文化体验中心，除了保持与北京 SKP 一致的商业标准和严格的品牌定位之外，年轻的视觉观感和南门厚重的历史文化激烈碰撞，引人注目。

2018 年，西安 SKP 一经落地就备受关注，刷新了西安人对于时尚以及商业的认知。

在这里，你能感受到古城厚重历史与著名国际品牌之间擦出的明亮火花，也能与未曾体验过的美好不期而遇。

在这里，你会更加清晰地感受到西安的另一面，一座国际化大都市正在身边成长。

西安高级中学 / 罗郁峣　指导老师 / 任雅锋
摄影 / 邢苗岭

风里雨里
赛格等你

来西安，怎么能不逛赛格国际购物中心！

赛格国际购物中心位于西安市的小寨商圈，一年四季人潮涌动，是西安著名的网红打卡地标。人们经常说:“错过了赛格，就等于没来过西安。”

跨越最大年龄层的“买买买”就在这里发生:从襁褓里的宝宝，到精神抖擞的广场舞奶奶，这里能满足各个年龄层的购物需求。衣服、化妆

亚洲室内第一长扶梯

品、鞋子等各种商品琳琅满目。这里是西安人气最旺的商场，年营业额近百亿。

50.3 米长的亚洲室内第一长扶梯就在这里，搭乘的人总是摩肩接踵。亚洲最大的室内瀑布也在这里，站在美如画的瀑布前，真是让人感到舒服自在。

美食就更不用说了。肉夹馍、羊肉泡馍、凉皮等地方特色美食一应俱全，各种海外美食当然也不会缺席。吃货们一来这里，就看得应接不暇，吃得停不下来了。

风里雨里，赛格等你。人山人海，莫嫌拥挤。

西安市雁塔区大雁塔小学石桥华洲城分校 / 张思涵　指导老师 / 黄　蓉
摄影 / 梁　萌

走进大华
走进西安 1935

今天，由我带领大家穿越时空，参观坐落于大明宫国家遗址公园对面的一处工业文明遗产——“大华 1935”。

让我们沿着时间隧道，来到“大华”建立的 1935 年，那时它还是“长安大华纺织厂”，曾经引领了民族纺织业的兴起。听，飞机的声音隆隆逼近，那是在抗战期间，它为支援前方昼夜生产，先后三次遭遇日机轰炸。看，1949 年 5 月 20 日，西安解放了，大华纺织厂实行了军管。我们在历史的波涛中继续穿越：时间进入 20 世纪 60 年代，大华纺织厂经历了公私合营、体制变更等，更名为“国营陕西第十一棉纺织厂”。

时间来到 2013 年。这一年，由我国著名的建筑设计大师领衔设计，这里被打造为极具工业魅力的“大华 1935”。漫步其间，遗址保护、旧厂房利用、文创、演艺、旅游购物等融为一体，历史记忆和现代景象也被巧妙混搭且融合，似乎所

有格格不入的场景奇迹般地出现在同一个镜头里，在时空中穿越。

听，时光之外，是我爷爷的声音：1935 年的大华纺织厂，是一次实业救国的伟大尝试。另一个声音来自我的爸爸：今天的大华，是在极端浮躁的商业氛围中，独耕一亩田的世外桃源。那么，在结束穿越之际，我想说：不论何时，“大华 1935”都是展示我们西安人爱国情怀和探索精神的一扇窗户！

西安经开第一学校 / 李尚尧　指导老师 / 石浩雄
摄影 / 马　昕

喝一杯创业咖啡
喝出世界时尚街区的味道

漫步在西安创业咖啡街区，浓烈的都市时尚气息扑面而来。

进入街区，闪着荧光的告示牌让人耳目一新，灵活多样的广告牌与装饰让原本空旷的街区充满生机。一九八九咖啡、IC 咖啡、蒜泥咖啡……除了各种咖啡，还有许多书店、小吃店穿插其中，使街区并未因“创业”二字让普罗大众产生疏离感。

当然，西安创业咖啡街区主要服务于古城高科技人才与技术。千人楼以其红白两色组成的简单楼层，吸引了许多海内外人才；海归楼的霓虹灯让街区的夜景更加绚烂；博士楼为新能源、新技术、新材料的研发不断带来惊喜；天使城为创业人员提供实实在在的支持……这四栋科技大厦，助力西安成为“中国西部硅谷”“硬科技之都”。

在生活和科技的激情碰撞中，这片创业创新热土还有一串你想不到的头衔：“大西安城市时尚名片”“世界级时尚街区新地标”……

西安高新区第四初级中学 / 余绍江　指导老师 / 吕　静
摄影 / 梁　萌

来看半坡国际艺术区
人人都是艺术家

来看半坡国际艺术区，人人都是艺术家。

半坡国际艺术区在西安市东郊的灞桥区，是由以前的纺织厂改造而成，如今成为栖息在高楼大厦中的一处文艺胜地。

我们现在所站的位置就是街区，首先映入眼帘的这个老物件叫燃煤机车，能够瞬间把访客带到另一个轰隆隆的时空。

火车头正前方是汽车人擎天柱，他是汽车人的领袖，也是这个艺术区某种梦想的载体。

擎天柱的背后有个“碗碗会老馆”，吃过的人都知道，这里的西安民俗特色小吃很正宗。

当然，这里更多的是小资情调的艺术馆、茶馆、咖啡馆。它的“艺术范儿”还在于，你一不小心会邂逅一个“大隐隐于市”的艺术家。书法、绘画、摄影、陶艺、设计乃至茶艺、花艺等各路艺术玩家汇聚于此，也许你本人也会在这里，突然就成了一枚文艺青年。

美食是旅行的意义之一，半坡国际艺术区的小吃店和饭馆只有在晚上，才能让来者深刻体会到它们独有的魅力。

此外，在艺术区的中央通道，还有一组老式纺织机安静地躺在这里，向我们无声诉说着纺织业曾经的黄金岁月。

西安铁一中滨河学校小学部／杜晨菲　指导老师／王　燕
摄影／梁　萌

活出“趣”的新青年到此集结

在西安，有一个地方吸引着渴望活出“趣”的年轻人——量子晨街区。

量子晨坐落在雁塔区，这里原本是西安太阳锅巴厂，改造后成了一座潮流街区，但仍然保留着原本的标志性建筑水塔、烟囱等。现代感和旧日记忆结合，呈现出一种另类的风格。

走进量子晨，你可以看见一个滑板公园，总是有年轻人聚在一起，反复练习着这一项新加入奥运会的体育项目。在街区，随处可见 live

house，可以欣赏摇滚音乐、街舞表演等。

其实，量子晨最重要的一个特色是电竞。电竞被列入奥运会项目后，逐渐受到更多西安年轻人的青睐，这里自然成为他们的乐园。

除了潮玩运动，这里更不缺时尚餐饮和休闲购物。逛累了，吃好了，也可以来一个 SPA。晚上，这里的电音俱乐部、KTV 和酒吧会陆续闪亮，年轻人的夜生活又热闹开始了。

太阳锅巴厂旧址

西安市浐灞第三小学 / 宋佳淇　指导老师 / 王晓涵
摄影 / 梁　萌

邂逅曲江
请到书城来翻书

一座书城，一段回忆，一本好书，一次旅行。

这里是曲江书城，坐落于雁塔区芙蓉南路芙蓉新天地 10 号楼。请随我一起步入这片文明之海。

曲江书城主色调为黑色，彰显出复古风格。在空间格局的分布上，采用复合式设计。灯光为灰黄色，给整个书城增添了一股神秘的气息。抬头可看到许多古文字，这些古文字设计的灵感来自中国四大发明之一的雕版印刷术。

阳光炙烈之时，这里是避暑胜地。在这里，我们可以完全地从城市的喧嚣中跳脱出来，快步迈向书的海洋。

夜幕降临之时，附近大唐芙蓉园的晚风吹过书城，书页轻轻翻动，看书人的心里也许会有种莫名的心动，泛起阵阵涟漪。

沿着仓颉步道拾级而上，首先映入眼帘的是文创作品，其次是种类齐全的书籍。在本层的演讲角，书城还为我们提供了各行各业的最新资讯。位于书城三层的亲子互动区，还为家庭提供了活动空间。

书籍是在时代的波涛中航行的思想之船，它小心翼翼地把珍贵的货物运送给一代又一代人。对话古今，我看到了人们脸上洋溢的笑容，看到了他们眼里的光。

如果有一天，你与曲江书城邂逅，是否会驻足来翻书？

西安高新一中实验中学／项家乐　指导老师／刘抒航
西安市新华书店有限公司　供图

云中天堂 梦里书香

“一城文化，半城书香”，今天我带大家参观的是我心目中西安最美的书店——钟书阁。

钟书阁位于西安市未央区光明路上，是北郊最受欢迎的网红打卡胜地，因为书店整体走“雪白”路线，给人一种非常神圣的感觉，因此也吸引了很多游人。钟书阁西安店，在 2018 年 7 月进驻西安时，是西北首家，着实火了一把。

爱泡书店的朋友都知道，中国第一家钟书阁是 2013 年 4 月在上海开业的，当时就成为申城备受关注的文化地标，被视作中国实体书店转型的标杆。

被誉为“云中天堂”的钟书阁西安店，面积 2400 平方米，是钟书阁 11 家门店中体量最大的一家！书店拥有图书 3 万余种，10 万余册，可以同时容纳 3000 人阅读。设计师为了表达对西安厚重历史和地域的敬意，为读者营造了一个如梦如幻的云中天堂。

来钟书阁，体验一下在“云中天堂”遨游书海的感觉吧！

西安高级中学 / 付伟业　指导老师 / 巨秀丽
摄影 / 梁　萌

蓝海风漫巷·万邦书店

书墙边的你是一片风景

蓝海风漫巷·万邦书店的书香，别有一番风味。

蓝海风漫巷·万邦书店位于西安市凤城二路，在文景路与明光路之间。一进书店，第一印象一定会是惊艳、魔幻：百米书墙承载了数十万册图书，营造出一个极具沉浸感的阅读场景。

穿梭其中，就好像进入了一个人文、生活、艺术合而为一的知识大峡谷。你可以挑选一本自

己喜欢的书，沿着旋转楼梯席地而坐，细细品读。这里的每一个角落都能看见安静读书的人，他们也成了书店风景的一部分。

在读书疲惫之余，还可以走进手工艺体验工坊、文创区、主题生活馆等区域，放松心情。

如果你也热爱精致生活，热爱完美阅读，就来蓝海风漫巷·万邦书店坐一坐。

西安经开第一学校 / 张子涵　指导老师 / 冯俊超
摄影 / 梁　萌

诞生了《诗经》的河边 有座“诗经里”小镇

“关关雎鸠，在河之洲。窈窕淑女，君子好逑。”很多游客知道伟大的《诗经》，却不知道它的故乡在哪里。其实，美丽的沣河，就是中国第一部诗歌总集《诗经》的发源地。

在诞生过《诗经》的沣河岸边，梦幻般地出现了一座“诗经里”小镇。

这里是我国首个以《诗经》为主题的特色小镇——“诗经里”。它位于西咸新区的沣河生态景区，“聚合四重景观体系、五大主题庭院和八大标志生活方式”，将跨越千年的诗意与民间民俗多样风貌完美融合在一起。

走进“诗经里”大门，迎面便是“风”“雅”“颂”三个苍劲有力的大字，刻在喷泉中的大青石板上。继续前行，“秀莹”“泳思”“蒹葭”“流萤”“采薇”五大仿古庭院各有特色，让人仿佛置身于千年前古人劳动生活的场所。对角色扮演有兴趣的朋友，可以试试这里的古风角色扮演，真正体验一把诗经里的“古人”。

“蒹葭苍苍，白露为霜。所谓伊人，在水一方。”随水漫步，湖边桥畔便可听到悠扬的古琴声，沐手抄诗、花艺互动、扇面绘画、月夜放灯等有趣浪漫的活动，让我们在每个角落都能感受到诗经文化的独特魅力。

精彩的诗经礼乐盛典，更是吸引大家的目光。逛累了，这里还有各类特色商铺，精致的小吃美食、琳琅满目的手工艺品……

我在“诗经里”，等你觅诗意。

陕西省西安小学 / 贯一博　指导老师 / 闫巧利
摄影 / 赵文君

永兴坊，在陕西美食林中品尝“唐”的味道

古城美食无数，最有网红味儿的地方，永兴坊绝对算一个。

永兴坊位于西安城墙中山门内北侧顺城巷，1400多年前，久负盛名的谏臣魏徵就住在这里。这里汇集了陕西各地特色美食，有明清风格的传统建筑群，还有关中民俗文化体验区，省级“非遗”聚集地，游人络绎不绝。

近年在网红城市的打卡点中，永兴坊人气极高。尤其是摔碗酒之类，可以说广受欢迎。

永兴坊不仅是个美食之坊，还是一个文化之坊——唐长安城由宫城、皇城和外城三部分组成，外城包含了 108 坊和东、西两市，永兴坊的整体布局也体现了唐朝里坊制度和文化。这里有世界上最大的皮影——杨贵妃皮影，高 5 米，形象源自传统戏剧《贵妃醉酒》。

在永兴坊，你还会发现一些建筑的独特之美，比如从厢房的山墙上直接砌出来的座山照壁，这种照壁外形上与山墙连为一体，很是华美。而这个“镜鉴”，取自唐太宗的名言：“夫以铜为镜，可以正衣冠；以史为镜，可以知兴替；以人为镜，可以明得失。”

永兴坊的美食就不一一介绍了，大家最好亲自去大快朵颐、大饱口福！

打糍粑

陕西师范大学附属中学 / 史家轩　指导老师 / 胡　蓉
摄影 / 梁　萌

真山真水间
感受一场穿越千年的绝恋

骊山夜魅，华清宫艳。一场大型实景山水历史舞剧——《长恨歌》，用真山真水真历史，演绎了那段历史上著名的爱情悲剧。

说起唐玄宗和杨贵妃的故事，人们自然而然地会想起西安的华清宫。对，这里就是来西安旅游的必达目的地——“春寒赐浴华清池，温泉水滑洗凝脂”的千古爱情发生地。

你看，眼前的飞霜殿、九龙湖、海棠汤都曾见证过诗人笔下“后宫佳丽三千人，三千宠爱在一身”的温情与甜蜜。

2013年，中国首部大型山水历史舞剧《长恨歌》诞生了，以白居易的传世名篇《长恨歌》为蓝本，在历史故事的真实发生地，还原了一个恢宏壮观的历史情境和一段感天动地的爱情故事。

穿越千年的时空，以华清池的九龙湖为舞台，以骊山为幕布，山水历史舞剧《长恨歌》经过2015年的调整升级，成为陕西文化旅游的“金字招牌”。

当夜幕降临时，月亮升起，满天星斗，《长恨歌》舞台从九龙湖中升起，每一位游客梦回大唐——整个舞台剧从“杨家有女初长成”的序幕开始，在“两情相悦”“恃宠而骄”“生离死别”“仙境重逢”等4个层次11幕情景中，300名专业演员“以势造情”和“以舞诉情”，演绎了一段回肠荡气的爱情故事，令每一位游客都发自内心地慨叹：来一趟华清宫，值了！

西安市导游礼仪职业学校／王木子优　指导老师／张　帆

电影博物馆
探索电影背后的秘密

西安电影制片厂就像是一块金字招牌，它曾经孕育了中国电影史最夺目的辉煌，代表了中国电影的最高成就。

今天，它依旧静静坐落在巍峨的大雁塔不远处，还新添了一个中国唯一的沉浸式电影艺术博物馆，也就是“西影电影艺术体验中心”。

这里的各种电影体验都熟悉而又新鲜。一进大厅，你就会被震撼到：空中挂满了经典电影角色的巨型面具，这是在致敬那些电影史上赫赫有名的角色呢。

继续前行，会走进一个可爱的电影老爷车博物馆，几十辆风格各异的老爷车前前后后陈列着，散发着旧日时光的魅力。在这里，你可以知道电影里总是不缺的“过去年代的豪车”的秘密，以及电影“魔术”背后的真相。

站在透明玻璃长廊的玻璃上，我们可以看到玻璃长廊下密密麻麻的电影胶片，每一卷胶片的背后都承载了这部电影的点点滴滴。

而一旦踏进“大话西游”体验馆内，灯光和特效瞬间就会把你拉回到“至尊宝”和“紫霞仙子”身旁。

一幅幅历史上珍贵的原版电影海报，一部部世界电影史上的各种放映机，让我们看到“电影”这个现代巨人走过的漫漫长路。

陕西师范大学附属中学分校 / 陈奕晓　指导老师 / 王子璇
摄影 / 梁　萌

万里江山
原点在此

西安有一个中国独一无二的点——大地原点。

地理之心，国之基点。中华人民共和国大地原点，又称“大地基准点”，位于东经108° 55′ 25.00″，北纬34° 32′ 27.00″，即陕西省泾阳县永乐镇北流村。

来到大地原点，我们可以看到整个设施由中心标志、仪器台、主体建筑、投影台四大部分组成。最重要的中心标志埋设于主体建筑的地下室中央，从塔楼一层大厅来到地下室，就可置身于

又一个大厅。大厅正中是一座正方体大理石基座。大理石基座上方的中心部位就是神秘的“中华人民共和国大地原点”标志。

中国大地原点为什么建在陕西泾阳？是为了让大地测量成果数据向各方面均匀推算，我国把原点选在祖国大陆的中部。而陕西省泾阳县永乐镇北流村，它的地质条件和位置特点都决定了它是最适合建立原点的地方。

千万不要小看了这一个“点”，它对我国经济、国防和社会等方面的作用影响太大了。

这是一个平凡的地方，它藏在寂静的乡村小道里；这又是一个神圣的地方，它象征着万里江山的尊严。

陕西师范大学附属中学分校 / 王敏衡　指导老师 / 王子璇

八路军西安办事处纪念馆

走进八路军西安办事处纪念馆，你会发现这座城市不仅有灿烂的千年文化，还有百年的骄傲。

抗日战争时期，根据国共两党达成的合作抗日协议，中共中央、中央军委以八路军的名义在国民党统治区一些主要城市设立了公开办事机构。1937 年，原西安红军联络处改为八路军驻陕办事处。

北新街七贤庄，一组仿古式四合院的建筑

群，布局精巧，结构严谨。八路军西安办事处纪念馆就在七贤庄1号。

刚进门，一辆汽车便映入眼帘，这辆“雪弗莱”当年为延安转送过重要物资，可是大大的功臣。再往里面走，可以看到周恩来、刘少奇、邓小平办公和住宿的地方。后院也让人大开眼界，陈列着许多革命前辈们的书信、照片和遗物，还有当年的重要文件、手稿和书刊。

初建的八路军办事处不大，修缮之后共有10个院落。如今，这里已成为“全国中小学爱国主义教育基地”“全国百家爱国主义教育示范基地”“全国百家红色旅游经典景区”。

强烈建议你到这里来，身临其境地感受教科书上的历史。

西安市新城区后宰门小学/李美乐　指导老师/张　路
摄影/梁　萌

这里，听不到枪响
但可以听到那天的心跳

一声枪响，成为时局转换的枢纽。枪响之地，正是古城西安。

西安事变纪念馆位于西安市碑林区建国路，是在西安事变主要旧址张学良公馆和杨虎城止园别墅的基础上建立的，是西安红色旅游经典景区和全国爱国主义教育重要基地。

在这里，你可以重温那段惊心动魄的岁月：1936 年 12 月 12 日，为了挽救民族危亡，劝谏

西安事变旧址——兵谏亭

蒋介石改变“攘外必先安内”的政策，张学良、杨虎城将军毅然在临潼发动“兵谏”。这就是震惊中外的“西安事变”。西安事变的和平解决，对促成以国共两党合作为基础的抗日民族统一战线的建立起到了重要的作用。

走进西安事变纪念馆，似乎仍然可以听到历史紧要关头的怦怦心跳，感受到中华儿女在民族危亡之际的毅然抉择。

我为西安在近代史上的英勇表现感到自豪，也为它的今天骄傲。千年古城，过去，今天，不变的是敢为天下先的决心和勇气。

西安市雁塔区大雁塔小学西沣分校 / 葛禹涵　指导老师 / 仝　欣
摄影 / 梁　萌

革命公园里
长眠着“二虎守长安”的英雄们

想了解“百年西安”的朋友，一定要去革命公园。

革命公园位于西安繁华的新城区，西五路东段北侧，公园门口挂着“党史教育基地”和“西安市青少年爱国主义教育基地”的牌子，也是周边市民最喜欢去的地方。

每年清明节和国庆节，妈妈必会带我去革命公园献花。我也逐渐了解到将近百年前的一段历史。1926 年，面对反动军阀刘镇华的疯狂围攻，西安写下了“二虎守长安”的悲壮一页，大量

军民死于战火和饥饿。西安解围后，国民军联军驻陕总司令部选择今西安东新街的一块荒地修建了革命公园，将散埋的数万具军民枯骨集中收葬。

革命公园刚建好的时候，园内主要有革命亭、忠烈祠、东烈祠、西烈祠、东西大冢。1952年，为了纪念王泰吉、王泰诚烈士，在公园东南角建了烈士亭，里面还有纪念碑。后来又陆续建起了杨虎城将军和刘志丹、谢子长的塑像供大家凭吊。

如今的革命公园东有宽敞的展览室，西南有“棋艺之家”，北有湖心亭，西北有假山茅亭，西南还开辟了专供孩童玩耍的游乐设施。

革命公园不仅是人们了解风云激荡的百年的活教材，也成了今天市民休闲娱乐的好地方。无忧无虑的孩子们，载歌载舞的大爷大妈，仿佛都在告诉沉睡在这里的先烈们：西安守住了，你们的儿孙很幸福。

西安市灞桥区宇航小学 / 闫紫越　指导老师 / 党红霞

摄影 / 梁　萌

TAOTIE ZHI DU

XI’ AN

饕餮之都
西安

不吃泡馍
枉到西安

不吃泡馍，枉到西安。

今天我就给大家介绍号称“西安第一碗”的名小吃——羊肉泡馍。

泡馍和西安这座城市一样，历史悠久。经过传承发展，泡馍的种类非常丰富，也有不同的吃法，有“宽汤”（汤汁多一些的）、有“口汤”（碗内只留一口汤），有“干泡”（汤汁几乎在馍里）等。

建议大家吃泡馍，从一碗宽汤开始。来到泡馍店里，一定要选择自己掰馍。当然，掰馍也是有技巧的，撕、拧、揪、掐，十八般武艺通通得用上。要掰成黄豆一般大小的馍块儿，

不能太大，大了不入味，也不能太小，小了影响口感。掰完之后，就可以告诉店家你的要求，若是我，就会大声说两个字“宽汤”。哈哈！一定要把号码牌夹好，要是号码弄错了，你的“劳动成果”可能就被别人享用了。

过不了一会儿，一碗肉烂汤浓的诱人的羊肉泡馍就摆到你的眼前。筋道爽滑的馍粒、香嫩多汁的羊肉、晶莹剔透的粉丝，加上木耳、香菜，这碗羊肉泡馍营养丰富，香气四溢。搭配爽口的糖蒜或蘸点辣椒酱，味觉层次立刻显现！记得要从碗的一边一点一点“蚕食”，这样才能吃出鲜味哦！

吃到最后，畅饮一碗可口、暖胃的骨头汤，简直回味无穷。羊肉泡馍，就是装在碗里的地道西安味儿。

西安经开第一学校 / 乔　木　指导老师 / 冯俊超
插画 / 桃金娘

提起葫芦头
嘴角涎水流

古都西安有个绝对个性的美食、演员张嘉益的最爱——葫芦头泡馍。

首先必须声明的是：此泡馍与牛羊肉泡馍完全不是一回事儿！

西安人有一句口头禅："提起葫芦头，嘴角涎水流。"足以见葫芦头泡馍的美味！"葫芦头泡馍"的主要食材之一是肥肠，因其形状似葫芦，故名"葫芦头泡馍"。

好吃的葫芦头泡馍有讲究。首先，葫芦头里的馍要掰成啤酒瓶的瓶盖一样大小，掰完后

交给服务员加汤；掰好的馍佐以肥肠、粉丝、木耳、豆干和鹌鹑蛋等一些配菜，先用滚烫的汤烫上三遍，确保馍和配菜烫个七成熟，再放入各种调味料，最后浇上热汤，一碗冒着热气的葫芦头泡馍就可以上桌啦！

葫芦头泡馍还有它的灵魂伴侣——泡菜。

一口肥肠，一口馍，一口泡菜，一口汤。那味道，用西安话说——“嘹扎咧”！这一番美妙的味蕾体验绝对酣畅淋漓，回味无穷。

西安的葫芦头泡馍，有藏在街头巷尾的不知名小店，更有响当当的老字号，如果有时间的话，推荐你一定都去试试。

西安市新城区西光实验小学 / 张思羽　指导老师 / 王寰宸
插画 / 桃金娘

永不过时的陕西美食
肉夹馍

关于肉夹馍，咱西安人可以说上三天三夜。“给我们一个馍，我们可以夹下整个世界。”

肉夹馍是外地游客来西安必吃的美食之一，它诞生于久远的沙场之上。

相传战国时期，秦国大将白起在行军途中发明了肉夹馍，目的是为了快速补给军中伙食。肉夹馍明明不是肉夹着馍，为什么不叫馍夹肉呢？这是源于古汉语的简称：“肉夹于馍中。”

肉夹馍不光有着悠久的历史，它的制作工艺也非常讲究。肉夹馍里面的肉延续着古老的纯手工制作，将肉放入秘制的卤料中用慢火熬制四个多小时，不仅能保持肉的原本香味，而且还加入

了卤料的鲜香。手工打制，烙得金黄的馍，将卤好的肉夹进去，一份肉夹馍就完成了。

馍，你大口咥，金黄而不失酥脆；肉，你大口嚼，肥的软糯，瘦的留香。一口咬下去，让你直呼："嫽扎咧！"

西安高新区第十一初级中学 / 孟翔宇　指导老师 / 冯文博
插画 / 桃金娘

BBC 旅游栏目作者盛赞的面 biangbiang 面

biangbiang 面，无疑是西安面食界的翘楚。

关中地带盛产小麦，小麦也是唯一一种经历四季风雨的粮食作物，用关中地带的小麦粉做出来的 biangbiang 面，筋道、细腻、爽滑，特别好吃。

biangbiang面又宽又长，一根面能装一大碗，那洁白的面条，透射着老陕人的敞亮、憨厚和实诚。秦人与面是骨子里的关系，biangbiang 面不仅仅是一种面食，它更是陕西面食文化的代表。

英国BBC旅游栏目作者前不久也不惜笔墨，写千字长文怒赞biangbiang面。一时间，走出国门的biangbiang面从竞争激烈的面食界一举冲向了人气塔尖，成为外国人最爱的中国面食之一。打开推特，每日都有被biangbiang面馋得抓心挠肝的网友，这绝对“有图有真相”。

在我们家，每当天气炎热的时候，午饭能吃到妈妈亲手做的biangbiang面，那顺滑筋道的口感，让人意犹未尽。任何美食都无法撼动biangbiang面在我这个西安娃心中的地位。

biang字口诀：

一点飞上天，黄河两边弯。
八字大张口，言字往里走。
左一扭，右一扭；西一长，东一长。
中间加个马大王；心字底，月字旁。
留个钩搭挂麻糖；推了车车走咸阳。

西安市新城区八府庄小学／冯棣涵　指导老师／秦　静
插画／桃金娘

清晨
舌尖最留恋的那碗汤

清晨的西安，街头巷尾总是飘荡着一股刚出锅的肉丸胡辣汤的浓浓香气。

肉丸胡辣汤源自西安，也可以说是蔬菜牛肉丸子汤，或者说是牛肉丸烩菜。西安的肉丸胡辣汤还有个雅致的名字叫“八珍汤”。汤是用牛羊骨熬成的，汤里的配菜十分丰富，除了莲花白、土豆块、胡萝卜块、豆角段等必要的材料外，更绝的是添加弹性十足的牛肉丸。经过摔打的牛肉丸爽口弹牙，圆滚滚的丸子口感极佳。肉丸是先

煮熟备用，熬好的牛羊骨汤加入葱姜末，其他蔬菜按照时间先后放入其中，过早或过晚都会影响口感。熬好的肉丸胡辣汤中莲花白不软不硬，土豆软糯，最后加入的淀粉让一锅汤凝成羹状，变得浓厚黏稠。汤里的胡萝卜块、豆角、土豆、莲花白等蔬菜经过加热后颜色更加鲜亮，裹着浓稠的汤汁，显得晶莹剔透，令人垂涎欲滴。

店里的老师傅总是会将熬好的肉丸胡辣汤连带炉子支在店门前，一手拿着勺子搅动锅底，一手拿着白瓷碗，嘴里一声声高喊着：“肉丸胡辣汤！”路人经过，定会被这扑鼻的香味馋得停下脚步，要上一碗，再加一个刚出炉的饦饦馍。

老板的一勺汤，捎着丸子稳稳飞入碗中，对了！爱吃辣的朋友此时一定别忘了浇一勺精心熬制的红艳艳的辣椒油！趁热进嘴，吸吮声此起彼伏，一麻一辣间，竟然听出了一丝早间独有的邻里和谐。一碗入肚，暖流在胃中游走，舌尖微麻，脸上冒汗，说不出的舒坦。

西安高新区第六初级中学 / 曹玉东　指导老师 / 周亚茹
插画 / 桃金娘

一碗凉皮
恰似陕西人的性格

游历完西安的名胜古迹，来到西安怎么能不品一品西安的传统美食——凉皮呢！

陕西凉皮种类繁多，做法各异，虽说叫“凉皮”，也可热食。传说秦朝时，某年陕西大旱，农民李十二以米磨粉，蒸制米皮。秦始皇尝过，绵软爽滑，酸辣可口，大悦之下，遂免当年赋税。

陕西凉皮，以秦镇的最有名，其有“筋”“薄”“细”“滑”四大特色。“筋”，有嚼头；“薄”，蒸得薄；“细”，切得细；“滑”，柔软。正是基于这四大特点，凉皮才在小吃界大名鼎鼎。

陕西秦镇大米凉皮制作工艺考究，从选米、碾粉到和浆、锅蒸都独具特色，因而制出的皮子具有筋、薄、细、滑等特点。再加上秦镇凉皮辣椒油制作精良，调出来的凉皮色泽红亮，辣香诱人。再佐以豆芽、芹菜，黄绿相间，堪称绝配，为关中百年来久负盛名之美食，吃上一口便难以忘怀！

街边摊的长刀“咣、咣、咣……”几下便把皮子切成筷子般粗细，然后放上盐、醋、特制的调料水、黄豆芽，最后用筷子挑起一撮皮子，在盛满红亮的辣椒油的罐子里美美一蘸，若嫌不过瘾，再用勺子挖一大勺辣椒出来，红红的，油油的，一起淋到皮子上，端到食客面前——洁白的米皮、红亮的辣油，不等入口那扑鼻的香味就已经馋得人口水直流了。拌匀了尝一口，皮子筋道，口味酸辣，鲜香异常，人间美味不过如此！

陕西的凉皮就如同陕西人的性格，爽利泼辣是一面，绵软坚韧是另一面！

西安高新区第六初级中学 / 梅香来　指导老师 / 白　佳
插画 / 桃金娘

三秦套餐最西安
美滋美味溢心尖

“老板，一份凉皮，一个肉夹馍，再来一瓶冰峰。”这是西安百姓的日常生活。

凉皮、肉夹馍和冰峰汽水三样美食被冠以“三秦套餐”，来西安旅游的人，这个组合套餐一定要吃。

西安的凉皮历史久远，传说源于秦始皇时期。比较常见的种类有麻酱凉皮、秦镇米皮、汉中面皮、岐山擀面皮等。因种类、原材料、产地不同，自然口味、做法也各不相同。

凉皮是由大米磨成的粉蒸的，蒸熟的米皮切成半厘米宽的条，一般所加的辅料为绿豆芽，调入盐、醋、酱油、辣椒油等即可。

肉夹馍也分好几种，推荐潼关肉夹馍。把酥脆的饼从中间划开，然后把肉塞进去，最后浇上腊汁，听起来是不是很简单？这里面的肉，制作却很是复杂——它选用的是肥瘦相间、带皮的五花肉，制作前需将肉放在凉水中浸泡一小时，然后方可放入高汤中煮制，煮时要加入大料、干红椒、红泡椒、冰糖、盐和花雕酒等作料，煮到肉烂汤浓。拿起一个刚出炉的肉夹馍，热气腾腾，咬上一口，肉烂馍酥，唇齿留香，再配上一口凉皮，那真是人间美味！

冰峰汽水是西安人从小就喝的橘子汁儿，分冰的和常温的两种，究竟有多么好喝，你尝了就知道！

西安国际港务区贺韶小学 / 乔思楠　指导老师 / 杨增利
插画 / 桃金娘

火晶柿子拌面粉
就是香喷喷的它

你来到西安，推荐你一定要到西安北院门来尝尝我钟爱的美味——黄桂柿子饼。

据说，在明朝年间，李自成率领军队起兵，行至临潼，正好赶上饥荒，粮食匮乏。乡亲们为了慰劳军队，用本地盛产的火晶柿子拌上面粉，烙成饼，供起义军打仗当作干粮吃，很受起义军将士称道。

制作黄桂柿子饼的柿子可不是一般的柿子，而是被称为“果中珍品”的火晶柿子。这种柿子与普通的柿子不同，个头如鸡蛋一般大小，通体红亮晶莹，皮薄如蝉翼，无丝无核。“晓连星影

出，晚带日光悬。本因遗采掇，翻自保天年”，就是对火晶柿子细致的描绘。

制作柿子饼，先要将柿子捣成泥，取一些面粉和柿子泥一起揉压，和成面团。再用黄桂酱、芝麻、花生、核桃、白糖、牛羊油脂拌成馅料，包进面团，压成小饼。然后将一个个小饼放入油锅，伴随着“嗞啦啦”的声音，柿子饼的清香就飘了出来，诱人得很呢。待小火将小饼煎到两面金黄就可以出锅了。趁热捧在手里，轻轻咬一小口，饼皮焦香酥脆，饼心绵软可口，唇齿间全是柿桂的香味。

现在，如果你眼前放着这样一个小饼，捧起它，咬一口，唇齿留香……

西安高新第二小学 / 袁沐昕　指导老师 / 杨莎莎
插画 / 桃金娘

好看又好吃的火晶柿子要一口一个吃

大火的电视剧《长安十二时辰》中，男主角拿吸管嘬火晶柿子的场景，至今还在被人们津津乐道。那“噗”的一声，瞬间让火晶柿子成了网红。

火晶柿子还有一段美丽的传说。相传，古时候，在骊山坡上有个任村，村里有个老头，他有四个儿子，就数第四个儿子勤劳，名叫四子。他们家门前有棵枣树，有一种火鸟在树上筑巢，已住了 99 年。有一天火鸟受了伤，四子就把它抱回家悉心照料。后来火鸟痊愈了，为四子衔来爱巢里的一根树枝作为谢礼。与此同时，四子收

留了一个名叫“火晶”的流浪女孩。他们将树枝嫁接在枣树上，三年后便结出了像小红灯笼一样的果实。乡亲们吃后赞不绝口，把它命名为“火晶四子”，谐音为“火晶柿子”，一直延续至今。

火晶柿子大小如乒乓球，每年10月成熟。它赤如火，亮如晶，无丝无核，皮薄如纸，清凉爽口，味道甜而不腻，老少皆宜。吃的时候一口一个，一个一口，真是大快朵颐的享受。

火晶柿子长得喜庆吉祥，又因为“柿柿”与“事事”同音，还有着“事事如意”的寓意，是游客必尝的临潼味道，也是很好的伴手礼。

西安市临潼区实验小学/韩佳豪　指导老师/李　丹
插画/桃金娘

水晶饼
最爱那掰开刹那的晶莹剔透

在西安，提起美食，有一种名气不大但嘴边常挂——它叫水晶饼。它不仅是爷爷奶奶辈心爱的食品，还是现在老百姓们喜爱的甜品。

水晶饼包装非常简单，八枚水晶饼用一张油纸、一根麻绳便包了起来。但你别小看它，奶瓶盖大小、厚 1 厘米的水晶饼，上面只印上红红的字，这绝对让你爱不释手。等你掰开水晶饼，看到晶莹剔透、白里透红的馅料，尤其是白糖中夹杂的一根根青红丝，想必会立刻勾起你的馋虫。

听爷爷说，20 世纪 80 年代缺衣少食，水晶饼只有过年才能吃上。人们出门走亲访友，带包水晶饼，既当食品也作礼品。爷爷曾许愿，如果

将来天天吃枚水晶饼，就算享福了。奶奶则告诉我，水晶饼品牌多，最有名的是创建于同治十一年（1872）的“中华老字号”德懋恭。

西安美食太多，你可以将水晶饼当饭后零食。水晶饼好吃不贵，仅10元左右一包。现在爷爷每天下午茶的时候，都会来一口水晶饼，满客厅都是幸福的香甜味。而且水晶饼的口味有五仁的、豆沙的等等，丰富多样。

相信您品尝了，带几包回家给家人们尝、给亲友们送，他们会夸你，也夸我们大西安的小食品——水晶饼。

西安市高陵区第四中学／高铱斐　指导老师／处　寒
插画／桃金娘

人人能吃十八碗的面
岐山臊子面

在我们关中一带流传着这样的民谚:“贵客进门碗里看，油泼辣椒臊子面。男的求，女的劝，最少吃上十八碗。”在关中，人人能吃十八碗的美食是什么呢？没错，那就是素有“陕西第一碗”之称的岐山臊子面。

我们西安人，对岐山臊子面真是情有独钟。

臊子面的发源地是岐山一带，“臊子”的意思是剁好的肉末或切好的肉丁，这是臊子面的精华。这道美食源于周代，距今已有 3000 多年历史。今天，这碗岐山臊子面，带着一代代古都人的传承，因其迷人的风味，在西安人的餐桌上大放异彩。

一碗色香味俱佳的岐山臊子面，首先配色考究，有红、黄、绿、白、黑五色，其中木耳、豆腐寓意黑白分明，鸡蛋象征富贵，红萝卜寓意日子红火，蒜苗代表生机勃发。

其次，面条细长筋道，入口顺滑。手擀出来的面条“薄、筋、光”，非常漂亮。

在工艺流程中，臊子的制作极其讲究，清油沸滚，醋沫打转，红瘦白肥的肉“嗞喽”一声满锅响，生姜、八角、桂皮、茴香加风味，秦椒添色泽……真是“酸、辣、香”，令人难以忘怀。

西安人吃臊子面，吃的是传统、文化和人情：过节了要吃，叫“团圆面”；孩子大人过生日要吃，叫“长寿面”；来了客人更要吃，“来客不上臊子面，感情不深有成见”。

今天，豪爽热情、淳朴真挚的西安人正举办十四运，喜迎八方客。作为热爱生活、热爱西安的我，更要邀请您吃一碗热腾腾的岐山臊子面！咱们一道观全运赛事，品西安美食！

西安市雁塔区大雁塔小学西沣分校／崔景媛　指导老师／全　欣
插画／桃金娘

一道温补的陕西美味
水盆羊肉

水盆羊肉，吃一口就能让你热血沸腾！

水盆羊肉属于陕菜系，源自陕西省渭南市大荔县朝邑镇。那时候，渭河北岸盛产牛羊。水盆羊肉并不是大盆的羊肉，准确地说应该叫羊肉汤。但因汤清如水，碗大如盆，便有了“水盆羊肉”的名字。

经常吃水盆羊肉的老饕都知道，好的水盆羊肉里的羊肉都不是切出来的，而是撕出来的。这是因为新鲜的羊肉，用手撕比用刀切要好使，并且羊肉不必沾染“铁腥气”，最能保持羊肉的原

味儿，这样做出来的羊肉，细嫩无比，香而不膻。

在西安街头的水盆羊肉老馆子吃这道美食时，一般汤管饱，吃完不够还可再去续汤，直到吃不下为止。当然了，大蒜是“吃水盆”必备的小菜。

西安人吃水盆羊肉要搭配月牙烧饼——那饼子烙得颜色金黄，状如新月，空心饱满，酥香可口。吃月牙饼时，人们习惯把碗里的肉往月牙饼里一夹，两手轻轻一捏，咬一口酥脆的月牙饼，美美地喝一口醇香的羊肉汤。那滋味回味无穷！

西安经开第三小学／寇雷雨　指导老师／卜佳静
插画／桃金娘

长安第一味
葫芦鸡

葫芦鸡历史悠久，流传上千年，号称“长安第一味”。你若要吃陕菜，这道菜是首选。

葫芦鸡在西安人的味蕾考验中有“长安第一味”的美誉！葫芦鸡问世于唐朝，相传始于唐玄宗礼部尚书韦陟的官厨。这位大人相传“穷治馔馐，厨中多美味佳肴”，在处死两位厨师后，第三个厨师才烹制出这道葫芦鸡。

什么样的鸡能让素有“人欲不饭筋骨舒，夤缘须入郇公厨”之称的郇国公韦陟满意至极？它如何制作？味道又如何呢？

葫芦鸡的工艺的确不简单，至少需要三道工序。先煮——将鸡浸在沸水中；再蒸——加入香料，让香料之味逐渐渗入白嫩的鸡肉；最后炸——炸至外焦里嫩，摆入盘中。

整只鸡端上来，酷似一个金灿灿、圆滚滚的趴着的葫芦。鸡皮炸得发亮，一个一个小油泡堆在一起，像给整只鸡披上了一件金色的铠甲，外加一碟红彤彤的辣椒面，简直让人垂涎三尺！

当你小心翼翼地夹一筷子放入口中，配料的些许咸辣与鸡皮的酥脆、鸡肉的软嫩一下子在口中弥漫开来……细细咀嚼，柔软的鸡肉上带着淡淡的香料味，鸡皮油而不腻，鸡汁盈于齿间，着实令人回味无穷。

西安美食葫芦鸡象征“福禄寿”，凝聚着很多先人的智慧。它流传了1000多年，更是盛唐长安的缩影！

西安高新区第十一初级中学 / 帅王梓　指导老师 / 宋红涛
插画 / 桃金娘

吃到这条街
回味无穷，欲罢不能

回民街是西安著名的美食文化街区，距离钟楼地铁站有二三百米，是西安最著名的美食风情地标。

青石铺路，绿树成荫，路两旁一色的仿明清建筑。历经几百年的回民老街区，有着浓厚的文化气息，有着吃不尽的西安小吃。

回民街也称为“回坊”“坊上”，在这里你能够吃到几乎所有的西安小吃，包括各种烤肉串、羊肉泡馍、麻辣羊蹄、水盆羊肉、酸菜炒米、腊牛羊肉、凉皮、牛肉饼、八宝甜稀饭、胡辣汤、蛋花醪糟……单这些美食花样就可以

让你眼花缭乱，依依不舍。不过，我得提醒你一句，尽量购买小份食物，回民街食物量给得非常大。

来到回民街，除了美食外，还有文化。再走几步，可以看到具有几百年历史的回民街区风貌。清朝的时候这里是官署区，而今，街区内有年代不一的多座清真寺，大约有两万名回民“依寺而居”，整条街被浓厚的市井气息笼罩。“良久有回味，始觉甘如饴”，和家人一起来西安，一定要来回民街吹吹晚风，撸撸串！

西安市未央区讲武殿小学 / 杨浩彤　指导老师 / 袁碧莹
摄影 / 梁　萌

GUANZHONG FENGYUN

XI' AN

关中风韵
西安

吼出来的秦腔
秦人的命运之声

关中有句老话，叫“八百里秦川尘土飞扬，三千万老陕齐吼秦腔”，可见秦腔对于老陕有多重要。

很多人可能不知道的是，秦腔还是我国最古老的剧种，被誉为“百戏之祖”，是国家级非物质文化遗产。

秦腔始于西周，源于西府，成熟于秦汉，从军队到民间，从皇宫到山野，曲调苍凉悠远，唱响三秦。

“王朝马汉，喊一声！”秦腔的唱腔，宽音大嗓，直起直落，只有吼，才能直击听众的内心，只有吼，才能表达我们秦人的粗犷豪放。由于地区不同，唱腔和名称也不同。

在作家贾平凹笔下，秦腔是黄土地与老百姓生生不息的命运之声，秦人满月、结婚、安葬等红白喜事，家家户户都要唱秦腔。斗转星移几千年，秦腔始终伴随着秦人，如今的古都西安早已高楼林立，唯一不变的是民间的秦腔仍然一代又一代在传唱。

现在来西安听秦腔，一定要到钟楼附近的百年剧场——易俗社，尤其是易俗社演出的剧目，既原汁原味又耳目一新，演员或婉转或激昂的唱腔，定会让你被秦腔的艺术魅力所折服。

西安旅游职业中等专业学校／辛晨灿　指导老师／张宝星
摄影／梁　萌

西安鼓乐
中国古代的“交响乐”

听，这是千年前的乐声！看，这是千年前的姿态！

西安鼓乐由唐代的燕乐演变而成，其中又融入了一些宫廷音乐，后来流入民间，逐渐形成一套完整的大型民族古典音乐形式，是世界非物质文化遗产之一。

现在，就让我们走进西安鼓乐，体验其中的奥妙。

灯光打开，十几人排坐在舞台上，这种演奏形式叫作“坐乐”，也就是坐着演奏。他们的服装采用了唐朝服饰的设计，又在传统中进行改良，使其更加符合现代的审美。

音乐开始，随着两下鼓声，全员进入状态。这鼓声就像命令，使每一个演奏者的表情都变得

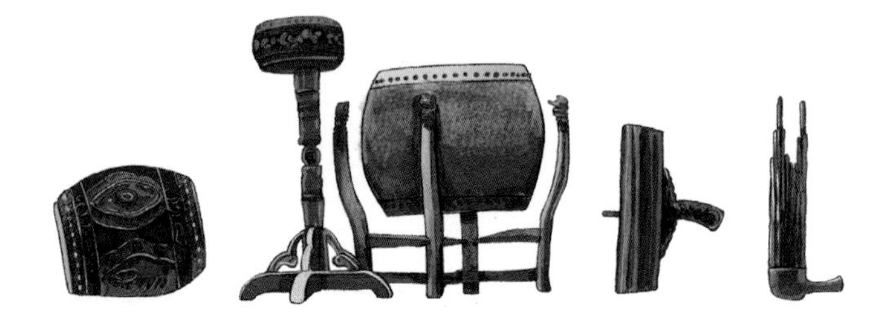

严肃起来，台下的观众都会油然升起一丝神圣感。

音乐逐渐进入高潮。听！那是余音袅袅的笙箫悠扬，是振奋人心的鼓槌跃动，是明亮清脆的钹声起伏，让人仿佛置身于古代那车水马龙的庙会上，十分热闹。

随着乐曲进入尾声，乐手们依旧全神贯注，直到最后一个余音散去，才算完成了演奏。

西安鼓乐的特别之处除了旋律的独特外，最重要的是那传承千年的悠久文化。在这首乐曲中，听不到高山流水，听不出人情世故，却能深刻地体会到一份流传千年的文化魅力。

西安高新区第十一初级中学 / 阮铄涵　指导老师 / 冯文博
摄影 / 梁　萌

关中民俗文化的大藏家 谁错过谁遗憾

来到古都西安，如果你问什么地方能将关中的民俗文化“一网打尽”，我会毫不犹豫地告诉你：当然是去关中民俗艺术博物院啦！

这里青砖墨瓦、高墙深院，有明清时期宰相举人、富商巨贾和书香世家的宅院，有成队的石桩，还有粗犷豪放的华阴老腔……走在这里，你能切身体会关中民俗文化的魅力。

说起关中民俗艺术博物院的来历，可真是浸透了一位关中汉子的心血！它是由全国人大代表王勇超先生历经 30 余年创办的，是以抢救保护、收藏、研究、展示民俗文化遗产为宗旨的大型民办文化旅游景区，如今坐落于著名的佛教圣地南五台山脚下，整体建筑呈明清园林风格，古朴典雅，气势恢宏。

这里的民俗文化藏品简直让人叹为观止！它珍藏了周、秦、汉、唐以来的民俗遗物 33600

余件（套），其中最引人注目的是40院迁建复建明清古民居和被誉为“地上兵马俑”的8600多根历代石雕拴马桩。这些珍贵藏品是中华民族数千年来多民族生存和文化交流融合的历史见证，被国内外专家和学者赞誉为“民族文化的基因仓和标本库”“世界性的奇观珍宝”。

不要说没有时间哦……你不来，遗憾的是你；你若来，收获的也是你！

西安旅游职业中等专业学校 / 付佳欣　指导老师 / 张宝星
关中民俗艺术博物院　供图

皮影戏
都德和卓别林都夸过它

要问老陕的“拿手好戏”是什么，那当然要数“一口叙说千古事，双手对舞百万兵”的皮影戏啦！

皮影戏，旧称“影子戏”或“灯影戏”，是一种用光源照射兽皮或纸板做成的人物剪影来表演故事的民间戏剧。距今已经有 2000 多年的历史了！想象一下，在有着 1300 多年历史的大雁塔下，看着历史斑驳的印记，再看一场皮影戏，那是最美不过的了。

陕西皮影别具特色，在传统的戏曲表演中保留着民间说书的痕迹。演出时，艺人们一边操纵皮影，一边用陕西方言唱述故事，同时配以打击乐器和弦乐。人物形象生动有趣，唱腔抑扬顿挫，故事情节或气势磅礴，或诙谐幽默，或哀婉动人。皮影戏，真的是老少咸宜，用时髦话来说就是：接地气！因此，虽然历经了2000多年的风风雨雨，皮影戏还是非常受欢迎，古今中外的粉丝多着呢！

连法国大文豪都德、英国喜剧大师卓别林等世界名人也是铁粉呢，他们还为皮影戏取了个洋名“Chinese shadow play”，翻译过来就是“中国影灯”！可见皮影戏不只让中国老百姓喜闻乐见，也深受外国友人的喜爱。2011年，中国皮影戏更是入选了人类非物质文化遗产代表作名录，相信会有越来越多的人了解、喜欢皮影戏。

在西安的旅游纪念品里，你会看到大量的皮影工艺品。它们栩栩如生，颜色鲜艳，买几个送给家乡的亲友，绝对受欢迎。

西安市雁塔区翠华路小学／贯欣迪　指导老师／郝培娜
摄影／梁　萌

蓝田日暖玉生烟

西安也产玉？当然啦，物华天宝的大长安怎么能少了自己的一块玉。这块玉，就是蓝田县的著名特产——蓝田玉。

“沧海月明珠有泪，蓝田日暖玉生烟。”这是诗人李商隐在《锦瑟》中描写蓝田玉的佳句。作为西安市蓝田县的一张名片，蓝田玉色彩斑斓，历史悠久，在中国乃至世界的玉石之林中独一无二，与新疆的和田玉、河南南阳的独山玉和辽宁岫岩的岫玉并称为“中国四大名玉”。

蓝田玉，看上去呈玻璃光泽至油脂光泽，微透明至半透明，颜色丰富，呈白、米黄、黄绿、苹果绿、绿白等颜色，质地致密、细腻、坚韧。

你知道吗？蓝田玉是我国开发利用最早的玉种之一，迄今已有4000多年的历史。据史料记载，战国时期，秦置蓝田县，“玉之美者曰蓝”。“蓝田玉”之名因其产于蓝田山而得名。著名的“和氏璧”据研究就是蓝田玉，历代古籍中亦均有蓝田产美玉的记载。

黄金有价玉无价，只要你喜欢，来西安旅游，蓝田玉器是上乘的伴手礼。

西安市新城区西光实验小学 / 金子翔　指导老师 / 王寰宸

泾河茯茶香
袅袅数百年的一缕“福气”

一缕茶香，飘散成绵延数百年的文化。

它，就是“吹齿留香调代谢，销魂情恣意兴发”的茯茶。中国茯茶之都，就是西安泾河新城的茯茶小镇。

关于茯茶的来历，一说它是茶马古道“正茶”以外附发的“附茶”；一说它因在伏天加工，故称“伏茶”；又因药效似土茯苓，美称为“茯茶”。慈禧当年逃到西安，将安吴寡妇送去的“茯茶”听成了“福茶”，茯茶从此有了另一层美好的寓意。

走进茯茶小镇，入眼即是青砖瓦房、小桥流水，古朴中夹杂着浓浓的乡土气息，淳朴而安逸。茯茶的香味混着泥土的味道迎面扑来，从高高的门楼旁弥漫到老村子的茶马巷、茯茶巷，再转向那充满特色口味的关中小吃街。你会在茶里沉醉，在景里陶醉。

坐在小镇的一角，品着地道的茯茶，看落日余晖漫染屋檐。关中文化的悠长韵味必会让您沉醉不知归路。

西安经开第二小学 / 麻尔琦　指导老师 / 王文婷
摄影 / 郑宇航

后 记

为这座城市和向往这座城市的人们奉献一本好书，一份带着温度的礼物。我们，做到了。

《新西安 新名片：跟着少年游西安》这本书，脱胎于“您来十四运 我做小导游”——“新西安 新名片”活动。在这个活动当中，许多部门和个人都付出了劳动。

感谢给予活动全程指导的中共西安市委宣传部和第十四届全运会西安市执委会文宣组。你们的支持，给了向十四运来宾表达小东道主之情的这个活动极大的鼓舞和信心。

感谢西安市教育局的全力参与。作为活动的主办单位，你们带着十四运东道主的热忱向全市中小学发出号召，推动了又一次爱祖国爱家乡的少年写作热潮和一场“小导游”视频的传播盛事，也为这本书创造了汩汩的源头活水。

感谢参与活动的数百所学校的近万名同学、老师和家长。正是你们的精心写作，认真辅导，让一山、一水、一址、一馆等这些“新名片”闪亮登场。

感谢为这本书提供插图的插画师们。你们手绘的线条和色彩，让这本书在观感上少了些坚硬和生涩，多了份精致和秀逸、平和与亲切。

感谢为这本书奉献了优秀摄影作品的摄影师们。你们的镜头记录了最美的西安、最美的瞬间，并为读者带来了一场光与影的盛宴。

长安长在、西安常新。未来，我们将持续关注“西安名片”和“陕西名片”的最新变化，继续推出相关的系列图书，送给世界一个更新更好的陕西和西安。

千年古都，优游看悠悠千年；
常来长安，常常来长长心安。